글 린다 베르톨라 · 그림 아그네세 바루치

다산
어린이

놀면서 즐겁게 배우는 수학?
할 수 있습니다. 반드시 해야 합니다!

아이들이 수학을 꾸준히 공부하려면, 어릴 때부터 즐겁게, 그리고 쉽게 배워야 합니다. 즐거움은 학습의 강력한 동기가 되며, 높은 성취감을 심어 주기 때문입니다. 하지만 막상 수학을 어떻게 재미있게 가르쳐야 할지 엄두가 나지 않지요. 그런 고민이 있는 부모님들을 위해, 즐겁게 수학을 배울 수 있는, 미치도록 재미있는 수학 교재 〈수빠맨〉을 준비했습니다.

수학에 빠진 전 세계 아이들이 맨 처음 선택한 기초 교재, 〈수빠맨〉은 재미있고 흥미진진한 이야기를 초등 수학의 네 가지 학습 영역으로 구성하여, 다채로운 수학 문제 풀이 활동을 할 수 있도록 했습니다. 여러 가지 수학 놀이 활동을 하는 동안, 초등 수학 전 과정에 걸쳐 핵심 개념을 습득할 수 있습니다.

이 책은 단원마다 짧은 이야기에서부터 시작합니다. 기발하면서도 재미난 상상이 가득한 이야기를 읽고 이야기와 긴밀하게 이어져 있는 수학 문제를 풀어 나가면서 수학 독해력을 기르는 훈련을 하게 되지요. 더 나아가 생활과 수학이 밀접하게 연관되어 있다는 것을 체득하며 수학에 대한 호기심과 흥미가 자연스럽게 생길 것입니다.

〈수빠맨〉은 수학 개념을 무작정 외우는 대신, 아이들 스스로 수학 개념을 익힐 수 있도록 설계했습니다. 책에 있는 여러 수학 활동들을 아이들 '스스로' 할 수 있도록 도와주세요. 스스로 문제를 해결해 가면서 수학에 대한 자신감을 기를 수 있을 테니까요.

• **기다려 주세요!**

　아이가 문제를 풀 때까지 시간이 오래 걸릴 수 있습니다. 또 책을 다 풀지 않고 중간에 덮어 버리거나, 어떤 문제는 건너뛸 수도 있습니다. 그것만으로 수학을 포기했다고 단정하지 마세요. 그저 아이를 믿고 기다려 주세요.

• **답을 알려 주는 대신, 질문을 하세요!**

　아이들이 어떻게 풀어야 하는지, 답이 무엇인지 모르겠다고 했을 때 바로 답을 알려 주지 마세요. 대신 질문을 통해 아이들을 정답으로 유도해 주세요. 문제를 다시 잘 읽어 보도록 독려하거나, 막힌 부분이 무엇인지 물어보고 아이 스스로 답을 찾아 나갈 수 있도록 도와주세요.

• **수학 문제 해결의 첫 단계는 이해라는 점을 잊지 마세요!**

　수학 공부를 막 접하는 초등 저학년일수록 문제만 읽고 무턱대고 계산하거나 문제 푸는 공식만 외지 않도록 주의해야 합니다. 대신 한 문제를 풀더라도 아이가 문제를 제대로 이해할 수 있도록 시간을 충분히 주세요. 또한 아이들이 수학 문제의 답을 잘 맞히는 것보다, 문제를 어떻게 풀었는지 설명하는 것을 습관화할 수 있게 도와주세요. 어떤 풀이 과정을 거쳐 답을 구했는지 아는 것이 가장 중요합니다.

• **생활에서 수학을 찾아보세요!**

　아이들이 생활 속에서 수를 발견하도록 도와주세요. 여러 활동을 하는 동안 수학이 언제, 어떻게 쓰이는지 물어보고 이야기해 주세요. 이 책을 읽고 난 뒤에는 생활에서 수학이 어떻게 적용되고 실현되는지 아이와 함께 찾아보세요.

초등학생을 위한 최고의 수학 학습서 <수빠맨>

우리가 늘 해 온, 익숙한 수학 공부는 어떤 형태일까요? 여러 가지 수학적 개념과 공식을 외우고 이해하는 것, 그리고 그 이해를 바탕으로 이런저런 문제를 푸는 것을 떠올릴 수 있습니다. 하지만 초등학생에게 그와 같은 학습 방법을 그대로 적용하는 게 반드시 옳지는 않습니다. 그러한 정통의 수학 학습법은 조금 나중에 한다고 하더라도 늦지 않습니다. 수학을 이제 막 시작하는 초등학생은 수학과 친숙해지는 방식으로 공부하는 것이 훨씬 더 중요합니다.

시중에는 연산 훈련을 하는 교재나 부모님과 아이가 함께 공부할 수 있는 수학 교재가 많이 있습니다. 처음 출판사에서 초등학생을 대상으로 수학책을 펴낸다고 들었을 때 기존에 있는 다른 책들과 무엇이 다를까 궁금했습니다. 그리고 이 책을 살펴보고 나니 확신할 수 있었습니다. <수빠맨>은 아주 특별한 책이라는 것을 말입니다. 이 책은 조금만 살펴보아도 어떻게 전 세계 어린이들의 마음을 사로잡았는지 알 수 있습니다. 아이들의 시선을 끄는 캐릭터와 함께 다양한 환경에서 일어나는 재미있는 이야기들로 가득 차 있는 책이거든요.

<수빠맨>은 평범하고 시시한 수학 학습서가 아닙니다. 등장하는 캐릭터와 이들이 끌어가는 이야기가 재미있기도 하지만 무엇보다도 수학적인 내용이 알찹니다. 수와 연산, 도형과 측정, 규칙과 추론 등 초등학교 수학 교육 과정에 등장하는 필수적인 내용이 충실하게 담겨 있습니다. 아이들은 이 책을 펼쳐 여러 가지 수학 활동을 하는 동안 자연스러운 사고 흐름에 따라 마치 게임을 하듯 공부할 수 있습니다. 높은 수준의 집중력을 발휘하지 않더라도 퀴즈를 풀고, 도형과 전개도를 오리고, 스티커를 붙이면서 수학적 개념을 이해하고 문제를 해결할 수 있도록 구성되어 있습니다.

이 책은 단원마다 짧은 이야기에서부터 시작합니다. 기발하면서도 재미난 상상이 가득한 이야기를 읽고 이야기와 긴밀하게 이어진 수학 문제를 풀어 나가면서 수학 독해력을 기르는 훈련을 할 수 있습니다. 여러 가지 이야기들을 통해 수학이 생활과 밀접하게 연관되어 있다는 것을 체득하며 수학에 호기심과 흥미가 자연스럽게 생길 수 있도록 돕습니다.

초등학교 때에는 수학을 꼭 남들보다 더 잘할 필요는 없습니다. 수학과 친해지고 수학에 대한 자신감을 가지는 것이 수학 문제를 잘 푸는 것보다 더 중요합니다. 학습 진도를 정규 과정보다 많이 앞서 나가지 않아도 됩니다. 호기심과 집중력을 가지고 공부하기만 하면 수학은 아주 재미있는 공부라는 것, 열심히 하면 나도 수학을 잘할 수 있다는 것을 느끼게 해 주면 됩니다. 수학에 흥미와 자신감이 있으면 때때로 너무 어려운 문제가 나오더라도 쉽게 포기하지 않고 문제를 스스로 해결하기 위해 부딪히고 애쓸 힘이 생깁니다.

그런 의미에서 〈수빠맨〉은 초등학생들을 위한 최고의 수학 학습서 중 하나라고 확신합니다. 아이 스스로, 또는 부모와 함께 〈수빠맨〉으로 재미있게 수학 공부를 하다 보면 저절로 수학과 친해질 것입니다.

송용진
(수학자, 인하대학교 명예 교수)

한국을 대표하는 위상수학자입니다. 서울대학교 수학과를 졸업하고 미국 오하이오주립대에서 박사학위를 받았습니다. 오랫동안 영재교육과 수학올림피아드에 대한 일을 해 왔으며 지금은 국제수학올림피아드 선출직 위원(IMO BOARD MEMBER)으로 활동하고 있습니다. 쓴 책으로 《수학은 우주로 흐른다》, 《영재의 법칙》, 《수학자가 들려주는 진짜 논리 이야기》 등이 있습니다.

13 – 5 = 12 – 7
7 + 4 = 10 + 1
7 + 7 = 16 – 2
5 + 8 = 3 + 9
10 – 3 = 5 + 3
17 + 3 = 12 + 8

덧셈과 뺄셈 기초

'자연수'는 일상생활에서 개수를 셀 때 쓰는 수예요.
1부터 시작해서 1씩 커지는 모든 수를 뜻하지요.
두 자리 자연수를 배워 보고,
이를 바탕으로 덧셈과 뺄셈의 원리를 이해해요.
'더해서 10이 되는 수'가 무엇인지 알아보고,
맞는 계산식과 틀린 계산식을 찾아봐요.

몬스터 왕국의 초대

몬스터 왕국에서 여러분에게 초대장을 보내왔어요.

몬스터 왕국은 우주 저 멀리에 있는 작은 행성에 있어요. 지금부터 여러분은 세 개의 은하를 건너서 몬스터 왕국으로 갈 거예요. 아, 짐은 챙기지 않아도 돼요. 몬스터 왕국은 우리가 살고 있는 이곳과 똑같거든요. 집도, 차도, 심지어 먹는 것도 여러분과 똑같답니다!

그럼, 뭐가 다르냐구요? 사실… 그곳은 신비한 괴물들이 사는 행성이에요.

엄청 큰 괴물이 있는가 하면 엄청 작은 괴물도 있고, 바늘처럼 뾰족한 가시가 잔뜩 있거나, 젤리처럼 끈적거리는 등 다양한 괴물들이 살고 있어요.

괴물들로부터의 초대라니! 기대되지 않나요? 그렇지만 그렇게 마음이 들뜬 상태로 가면 다칠 수 있어요. 이 괴물들은 엄청난 장난꾸러기들이거든요. 아마 장난을 좋아하는 친구들이라면, 이 괴물들과 둘도 없는 친구가 될 거예요.

이제 슬슬 떠날 때가 되었네요!

저 우주선을 타고 가면 3초 만에 도착할 거예요.

다녀와서 어땠는지 꼭 말해 주세요.

안녕!

여행을 떠나요

아래 점들을 작은 수부터 순서대로 이어 보세요.
그럼, 몬스터 왕국에 사는 괴물들의 얼굴을 볼 수 있을 거예요. 색깔은 여러분 마음대로 칠해도 좋아요!

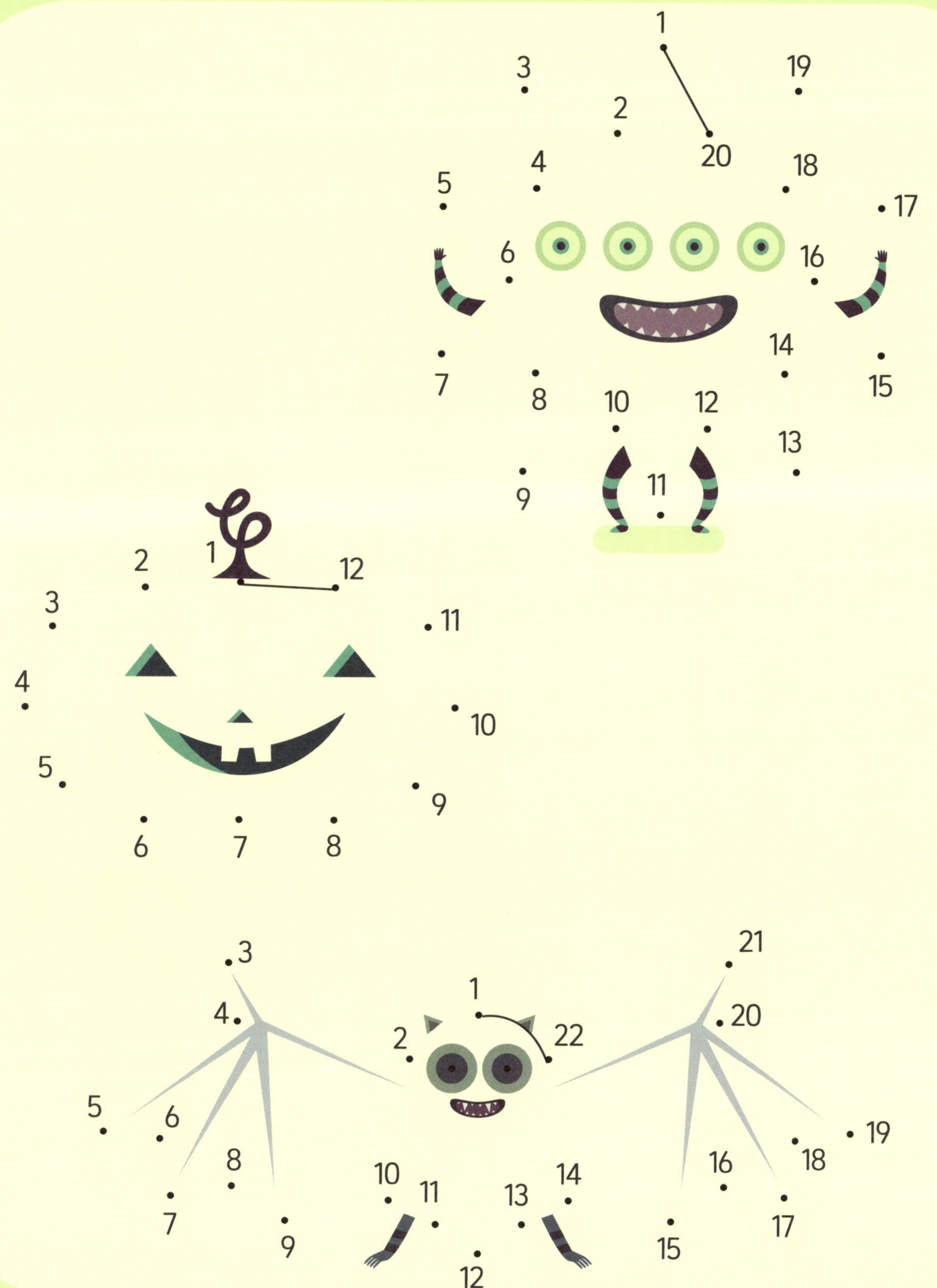

괴물들의 신분증

괴물 신분증을 보고, 빈칸에 알맞은 숫자나 말을 써넣으세요.
마지막 신분증에는 여러분이 되고 싶은 괴물을 자유롭게 그리고 설명서도 작성해 주세요.

이름: 파치치

눈: 1개
뿔: 2개
입: 1개
코: 1개
특징: 전기 불꽃을 만든다.

발자국 모양: 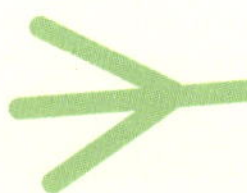

이름: 덜더리

눈: 2개
코: 0개
입: 1개
다리: 4개
특징: 춤을 잘 춘다.

발자국 모양: 

이름: 삐용이

눈: _____ 개

입: _____ 개

코: _____ 개

특징: 잘 튀어 오른다.

발자국 모양:

이름: 폭신이

_______ : 3개

_______ : 0개

_______ : 6개

_______ : 1개

특징: 모자를 쓰고 있다.

발자국 모양: 

이름:

눈: _____ 개

더듬이: _____ 개

입: _____ 개

코: _____ 개

특징:

발자국 모양:

꽉 막힌 도로

으악, 도로가 꽉 막혔어요!
장난꾸러기 괴물들이
길을 막고 있대요.
여러분이 문제를 풀어
길을 막고 있는 괴물들을
없애 주세요.

(1) 괴물은 모두 몇 마리가 있나요? ＿＿＿＿ 마리

(2) 빨간색 괴물은 몇 마리인가요? ＿＿＿＿ 마리

(3) 눈이 한 개인 괴물은 몇 마리인가요? ＿＿＿＿ 마리

(4) 털북숭이 괴물은 몇 마리인가요? ＿＿＿＿ 마리

(5) 눈이 2개보다 많은 괴물은 몇 마리인가요? ＿＿＿＿ 마리

(6) 더듬이가 없는 괴물은 몇 마리인가요? ＿＿＿＿ 마리

몬스터 왕국의 도시

밤이 되어 빌딩에 불을 켰어요. 설명에 따라 창문에 불빛을 칠해 보세요.

몬스터 왕국의 고층 빌딩

숫자는 건물 높이를 나타내요. 숫자를 보고 색칠해서 건물들을 완성해 주세요.

5	7	10	11	8	7	9	11	6	10	11

사라진 간식을 찾아라!

몬스터 왕국에서는 매일 오후 4시 27분에 간식을 먹어요. 이 시간이면 모든 괴물이 하던 일을 멈추고 간식을 받으러 가지요.

치과 의사 괴물이 간식을 받으러 가 버리면 이 치료를 받던 괴물은 입을 벌린 채 있어야 했고, 미용사 괴물이 가 버리면 머리카락을 자르던 아기 괴물은 빗을 꽂은 채 우두커니 있어야 했죠. 모든 운동 경기는 멈췄고, 모든 집안일도 쉬어야 해요.

그렇지만 괴물들에게는 그 무엇보다 간식이 더 중요해요. 간식을 먹지 않으면 힘이 없어서 일을 더 할 수 없기 때문이죠. 그래서 모든 괴물은 간식 시간을 알리는 벨이 울리기만을 기다린답니다.

그런데, 오늘 정말 이상한 일이 일어났어요. 4시 27분에 간식 시간을 알리는 벨이 울리지 않은 거예요.

아무리 기다려도 벨이 울리지 않자, 괴물들은 고픈 배를 움켜쥐고 어찌 된 일인지 알아보러 돌아다녔어요. 마침내 어떤 욕심쟁이 괴물이 간식을 모조리 훔쳐 간 사실을 알게 되었죠! 그 괴물은 간식 시간을 알리는 시계도 망가뜨려 버렸어요.

"여기, 여기 좀 봐! 그 괘씸한 도둑이 과자 부스러기를 흘리고 갔어. 발자국도 있어."

간식을 훔쳐 간 괴물은 그렇게 똑똑하지는 않은가 봐요. 과자 부스러기랑 발자국을 잔뜩 남기고 갔네요. 욕심쟁이 괴물이 남기고 간 발자국을 따라가면 간식 도둑도 잡고 간식도 되찾을 수 있어요.

간식 도둑의 발자국이에요. 초콜릿이 녹아서 발자국이 그대로 찍혔네요.
초콜릿 발자국을 따라 작은 수부터 큰 수까지 차례대로 선을 연결해 보세요.

도둑이 훔쳐 간 간식들을 다시 찾아왔지만, 전부 섞여서 원래 주인을 찾기가 어려워요.
간식 정리하는 걸 도와주세요! 숫자의 규칙을 잘 생각해 보고, 간식들의 번호를 순서대로 적어 주면 돼요.

욕심쟁이 괴물이 창고에 간식을 쌓아 놨어요! 간식의 수를 세고, 경찰 괴물의 말대로
간식 더미에 색칠해 주세요!

가장 많은 간식에 색칠하세요.

과자 　 **개** 　　　　**도넛** 　 **개** 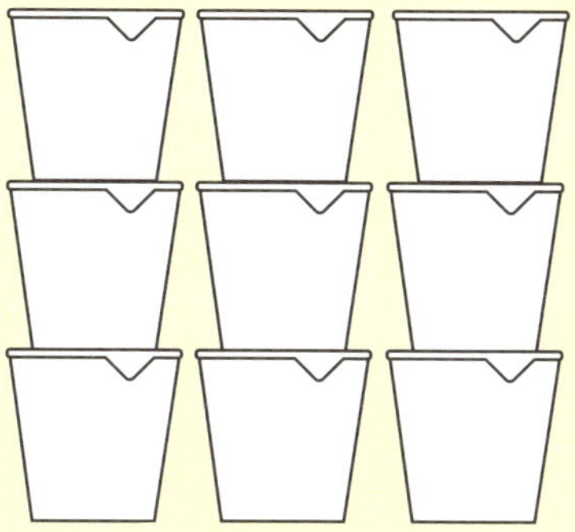　　　　**요거트** 　 **개**

가장 적은 간식에 색칠하세요.

사과 　 **개** 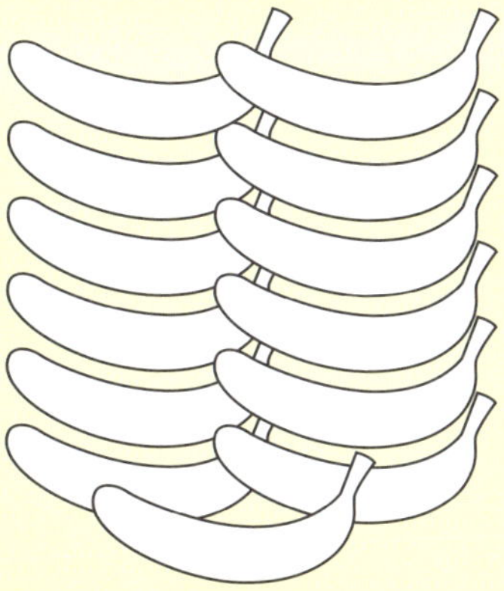　　　　**바나나** 　 **개** 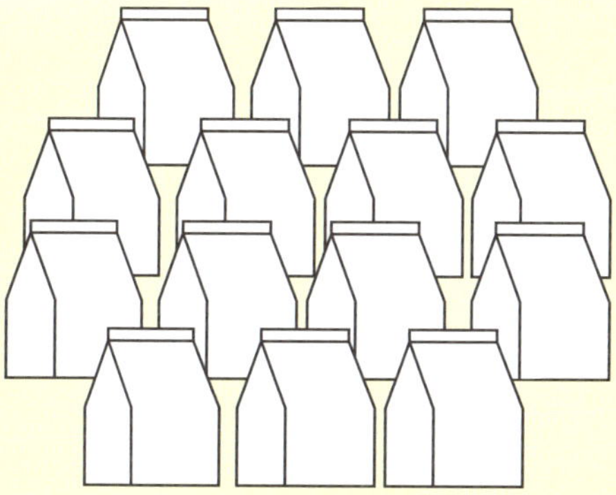　　　　**주스** 　 **개**

수가 같은 두 간식에 색칠하세요.

햄버거 　 **개**　　　　**피자** 　 **조각**　　　　**아이스크림** 　 **개**

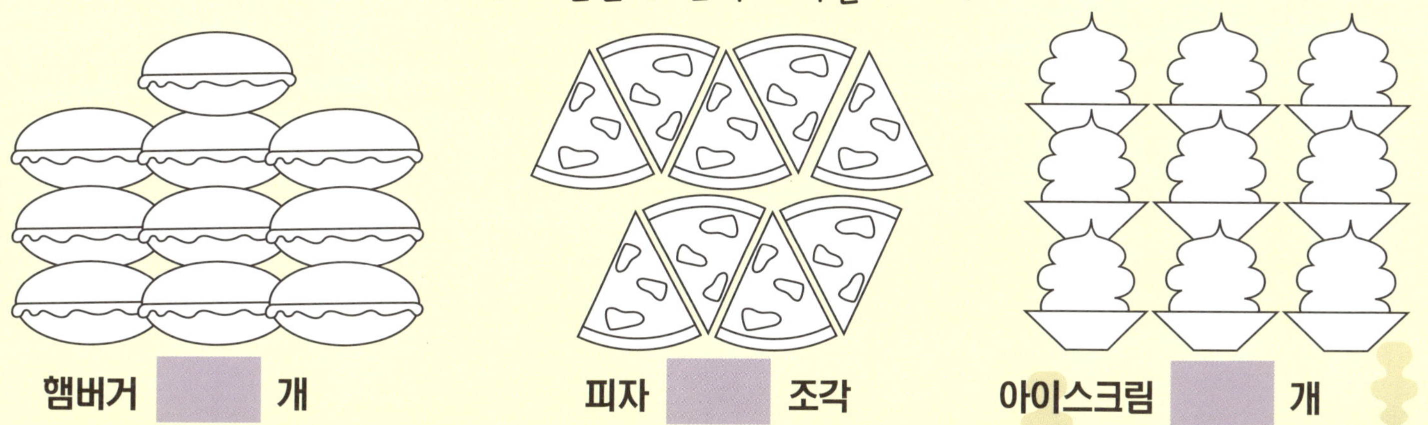

수의 크기 비교

욕심쟁이 괴물은 간식을 보면 입이 벌어진대요. 간식 두 종류가 같이 있으면, 많은 쪽으로 입을 벌린다네요.

그래서 도둑 괴물은 같은 수의 간식을 보면 머뭇거린다고 해요.
더 많은 간식을 고를 수 없으니까요!

접시에 든 간식의 수를 세어서 그릇의 빈칸에 수를 써넣으세요.
또 간식의 수를 비교해서 알맞은 욕심쟁이 괴물 입 모양 스티커를 찾아 붙여 주세요.

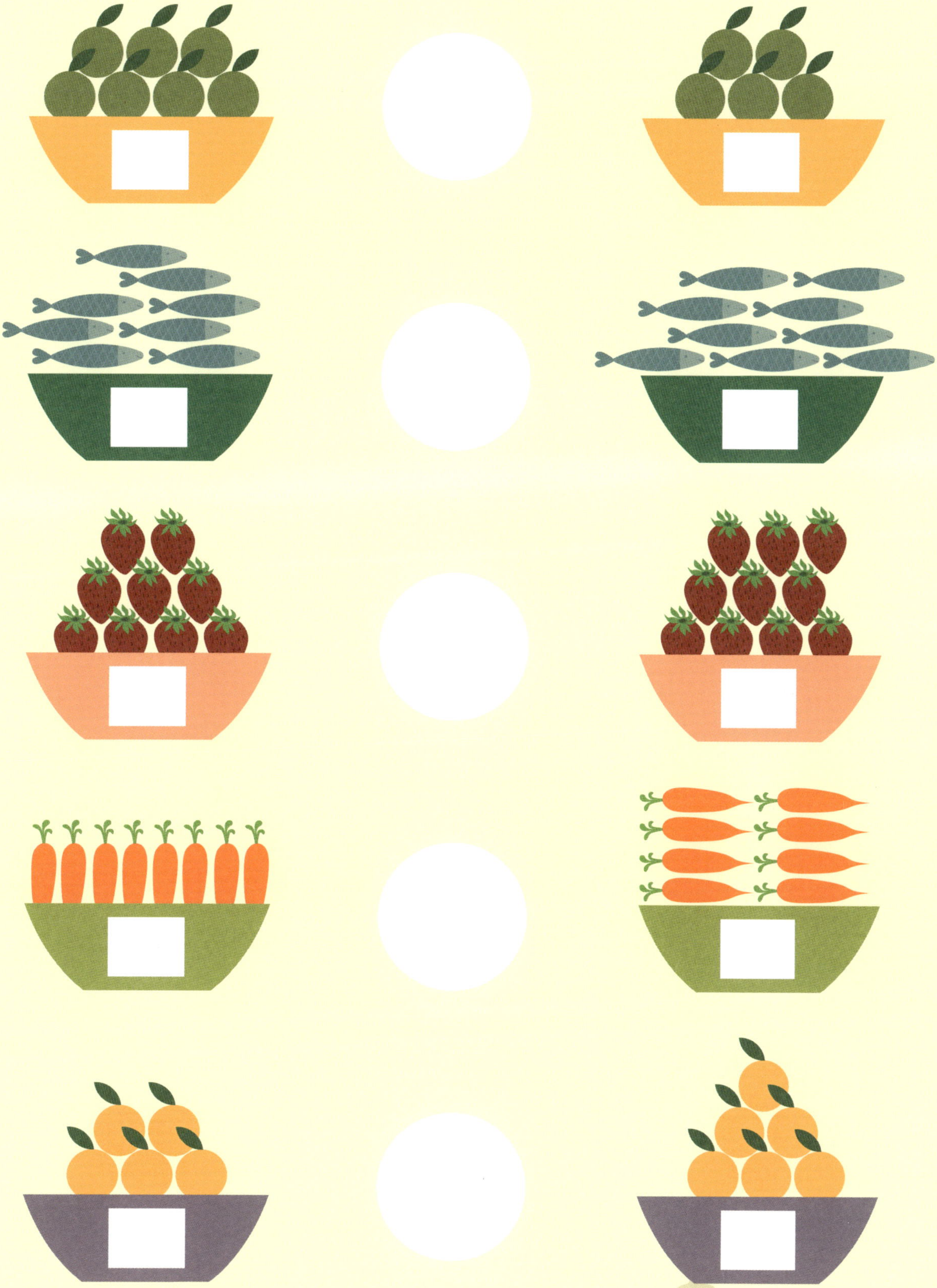

모양과 크기가 같은 도형 찾기

스티커는 본문 뒤에 있어요.

욕심쟁이 괴물이 조금씩 먹은 간식을 원래 모양대로 돌려놓아야 해요.
여기 마법 조각들이 있어요. 모양과 크기가 같은 마법 조각을 채워 넣으면, 간식이 원래대로 돌아올 수 있어요. 알맞은 조각을 찾아 색칠하고, 스티커를 붙여 주세요.

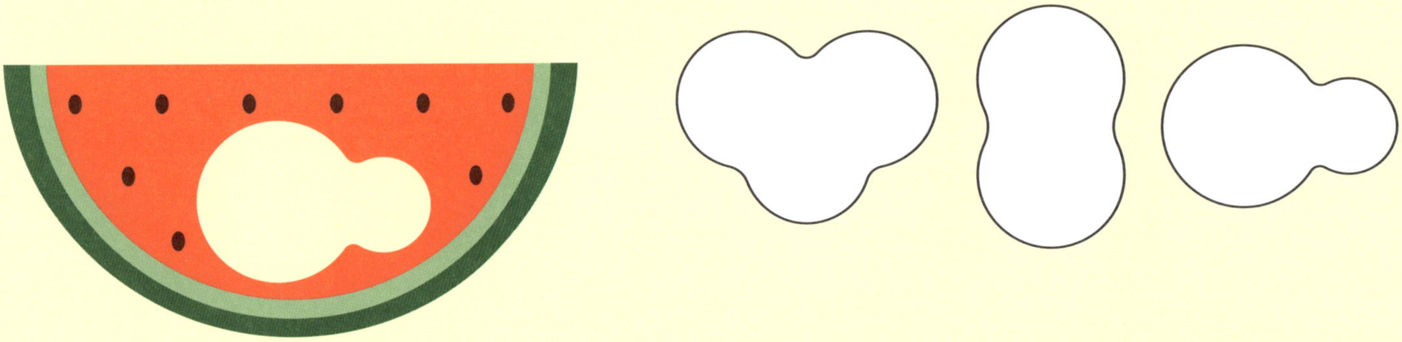

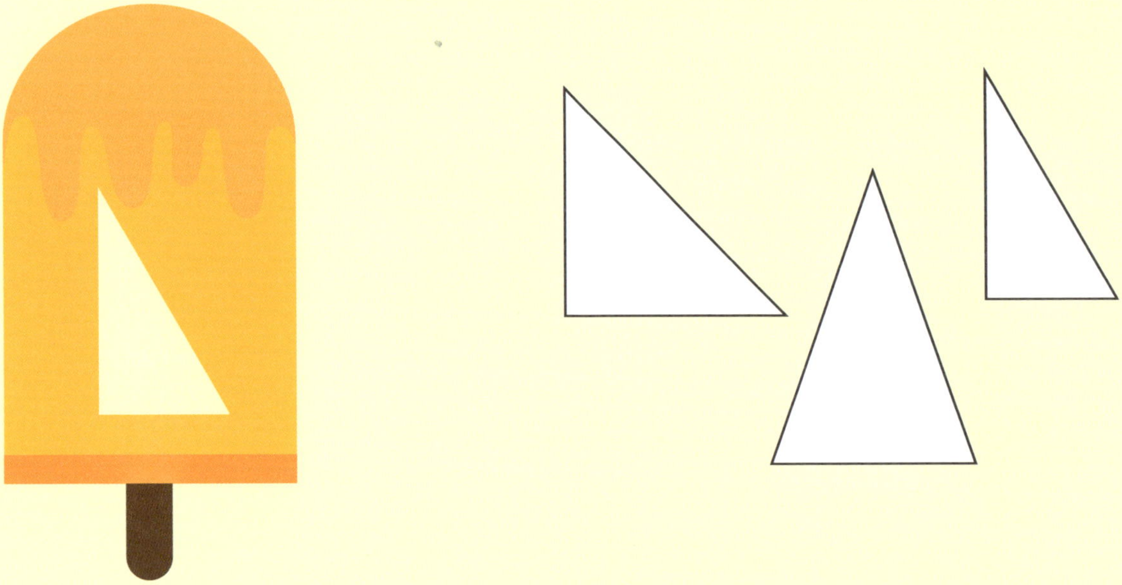

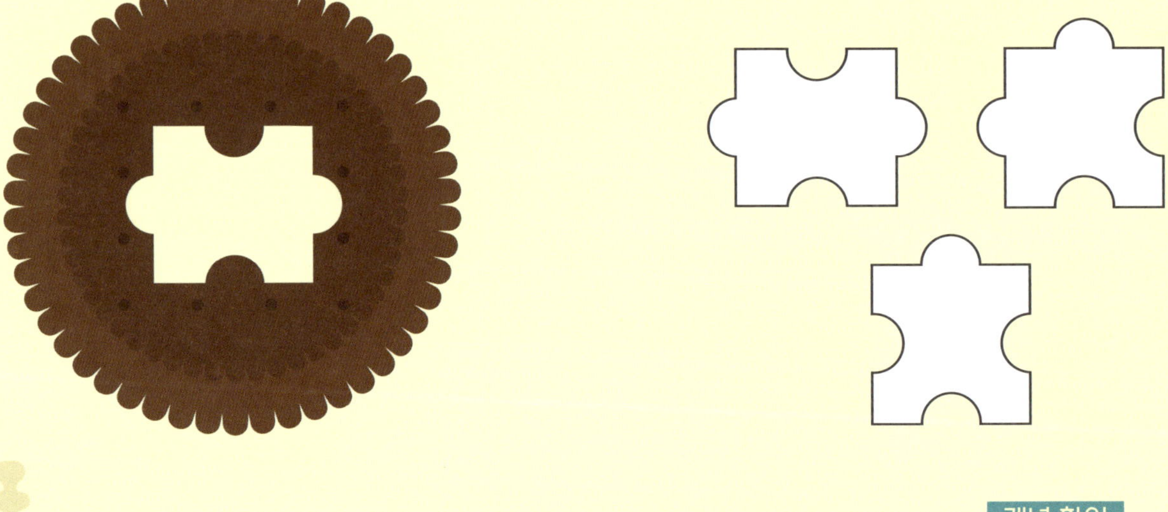

개념 확인

모양과 크기가 같아서 포개었을 때 완전히 겹치는 두 도형을 합동이라고 해요.

뒤죽박죽 우체국

몬스터 왕국에도 우체국이 있어요. 엽서, 편지, 작은 소포들을 우체부 괴물과 도우미 괴물들이 같은 종류끼리 나누고 배달한답니다. 그런데 한 가지 문제가 있어요. 우체부 괴물이 몬스터 왕국에서 가장 괴팍하다는 거예요.

우체부 괴물은 화가 나면 뭐든지 반대로 해 버리거든요! 편지를 보낸 사람한테 그 편지를 되돌려 보내고, 우표를 붙이다가 도로 떼어 버리고, 도우미 괴물들한테 해야 할 말도 반대로 한다지 뭐예요.

이럴 때마다 고생하는 건 도우미 괴물들이에요. 바뀐 소포와 우편물들을 모두 원래대로 되돌리기 전까지는 우체국이 제대로 돌아가지 않으니까요.

오늘 아침에도 우체부 괴물이 엄청나게 화가 나서 배달해야 하는 편지들을 죄다 던져 버렸대요. 그전까지만 해도 그의 더듬이 사이에 순서대로 정리되어 있었는데 말이죠!

도우미 괴물들은 걱정이 태산이에요. 이 많은 우편물이 다 섞여 버리다니!

어쩌면 좋죠?

진짜로 생각한 수는?

우체부 괴물이 화가 나서 반대로 말하고 있어요.
그의 말을 거꾸로 생각해 보고, 우체부 괴물이 진짜로 생각한 수를 찾아 색칠해 보세요!

흥, 이 수는 5보다 커!

7 8 3 6 9

쳇, 이 수는 두 자리 수야.

12 10 9 20 18

헐, 이 수는 한 자리 수야! 그리고 16보다 작지.

3 18 15 7 14

하, 이 수는 10보다 커! 그리고 6보다 작아!

13 18 4 7 11

주소를 완성해 주세요!

아직도 할 일이 많이 남았어요! 편지를 오늘 안에 배달해야 하는데…, 정말 큰일이에요.

도우미 괴물들을 도와서 어서 편지봉투의 주소를 완성해 주세요.

우체부 괴물이 다시 화를 내지 않도록 신중하고, 정확하고, 깔끔하게 해야 해요.

덧셈식을 구하면 주소를 완성할 수 있어요.

책 뒤의 둥근 딱지를 써서 계산해 보세요.

$2 + 3 =$	$5 + 4 =$	$7 + 3 =$
$7 + 2 =$	$3 + 10 =$	$5 + 6 =$
$7 + 8 =$	$13 + 4 =$	$16 + 4 =$

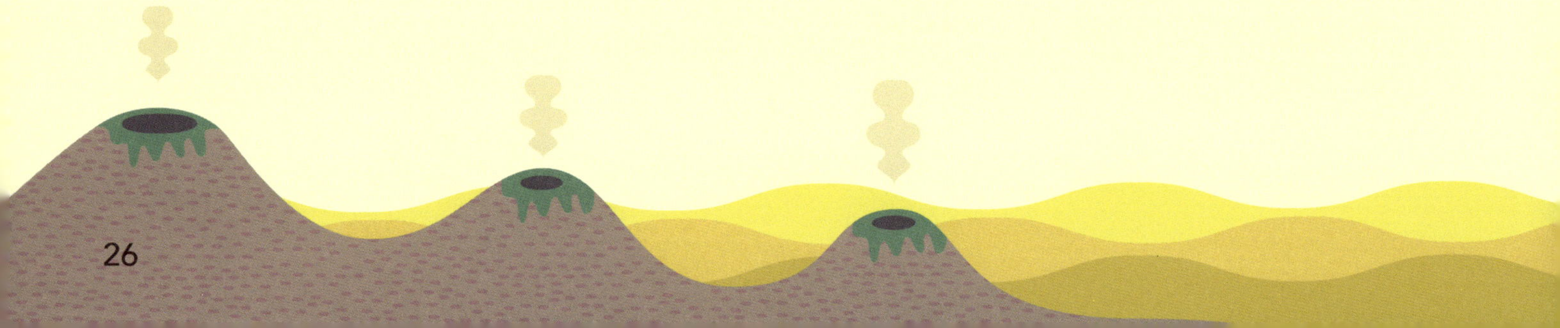

소포를 분류해 볼까요?

소포에 달려 있는 번호표의 두 수를 더한 뒤, 아래 조건에 맞게 빨간색, 초록색, 노란색 중
색깔 하나를 칠해 주세요.

6보다 작은 수   5보다 크고 10보다 작은 수   10보다 큰 수

10 만들기

휴, 일이 거의 끝나가요! 이제 우표를 붙여 볼까요?
적힌 수의 합이 10이 되도록 봉투와 우표를 선으로 이어 주세요.

덧셈식 만들기

마지막으로, 두 숫자의 합이 우표에 적힌 수가 되는 덧셈식을 3가지씩 써 봐요.

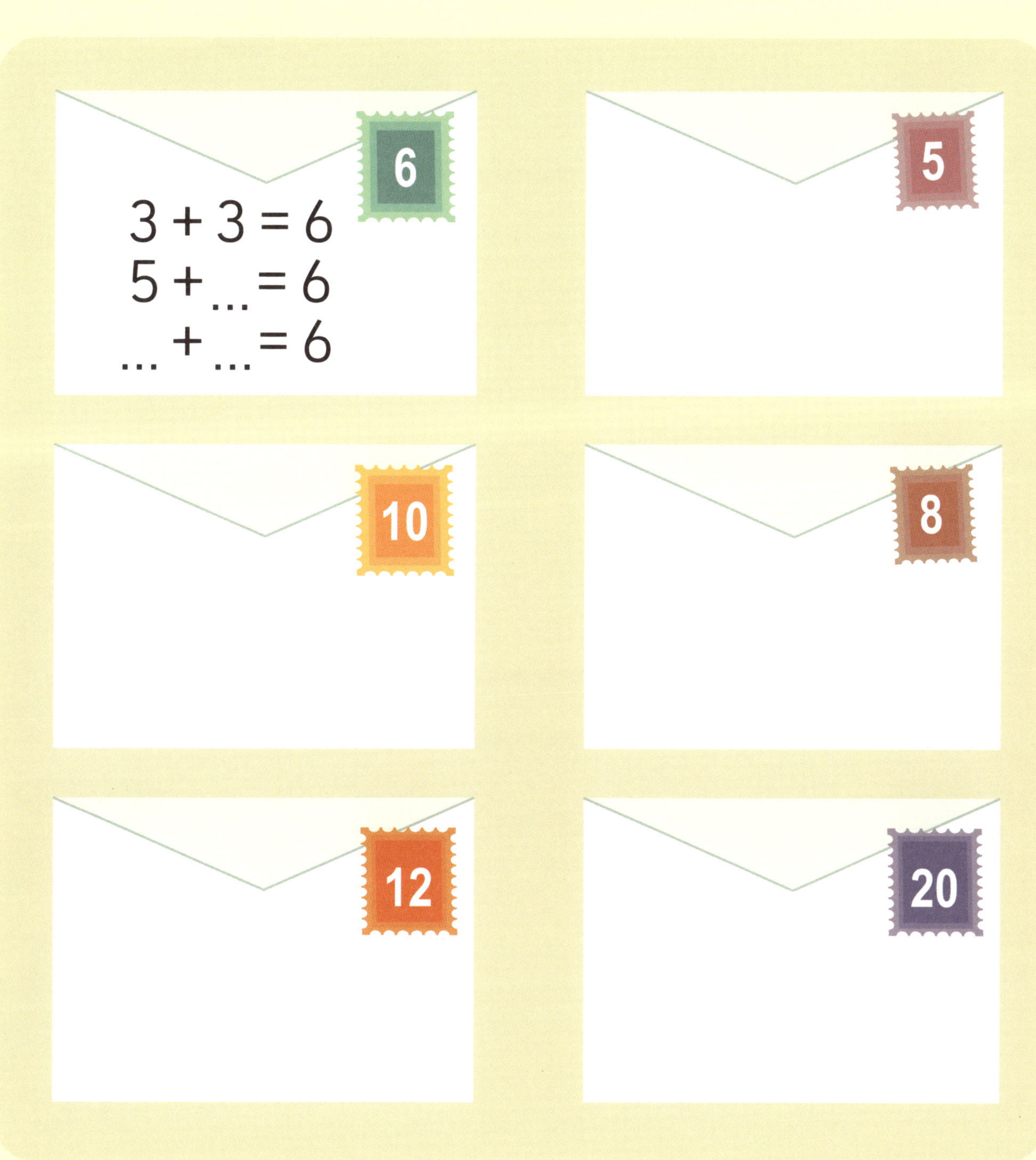

모두 몇 개일까요?

(1) 우체부 가방 안에는 하얀색 편지 4장, 초록색 편지 1장,
노란색 편지 2장이 들어 있어요.
모두 몇 장의 편지가 있나요?

(2) 우편함에는 해변에서 온 편지 7장, 시골에서 온 편지 3장,
산에서 온 편지 5장이 있어요.
우편함에는 모두 몇 장의 편지가 있나요?

(3) 우체부 괴물은 편지를 아침에 8장, 점심에 5장, 저녁에 6장 배달했어요.
우체부 괴물은 모두 몇 장의 편지를 배달했나요?

(4) 덜더리는 7장의 편지를 받았고,
폭신이는 덜더리보다 2장 더 많이 받았어요.
폭신이는 몇 장의 편지를 받았나요?

(5) 우체부 괴물이 도우미 괴물과 함께 편지를 배달했어요.
우체부 괴물은 6장, 도우미 괴물은 우체부 괴물보다
2장 더 많이 배달했어요.
우체부 괴물과 도우미 괴물이 배달한 편지는 모두 몇 장인가요?

(6) 보기를 잘 읽고 우체부 괴물이 일주일 동안
배달한 편지와 소포는 모두 몇 개인지 알아보세요.

보기

- 월요일에는 편지 3장을 배달했어.
- 화요일에는 소포 2개를 배달했지.
- 수요일에는 편지 1장만 배달했어.
- 목요일에는 편지 4장을 배달했고.
- 금요일에는 편지 2장을 배달했어.
- 토요일에는 편지 1장을 배달했지.
- 일요일에는 소포 2개를 배달했단다.

병원을 깨끗하게!

괴물은 엄청 튼튼해서 감기 같은 건 안 걸릴 것 같지만, 사실 괴물도 아플 때가 있어요. 무섭게 생긴 괴물도, 괴상하게 생긴 괴물도 아프면 병원에 오곤 해요. 어제만 해도 구덩이에 발을 헛디뎌 넘어진 괴물이 있었어요. 눈이 7쌍이나 있는데도 구덩이를 보지 못했다니, 정말 안타까워요. 더듬이 3개가 부러져서 깁스했대요. 지난주에는 두 마리의 작은 괴물들이 공을 가지고 놀다가 그 공에 휩쓸려 언덕 아래로 굴러떨어지는 바람에 무릎을 다쳤다네요.

몬스터 왕국에 슬슬 겨울이 오고 있어서, 감기에 걸리는 괴물도 많아졌어요. 열이 나는 괴물, 콧물이 나는 괴물, 목에 가래가 낀 괴물, 기침을 하는 괴물들 모두 병원을 방문해요.
의사 괴물은 어떤 병이든 다 고칠 수 있대요. 환자를 보느라 정신이 없어서 정리정돈을 못 하는 게 흠이지요. 의사 괴물의 할머니는 병원에 올 때마다 의사 괴물에게 정리 좀 하라고 잔소리하지만, 의사 괴물은 대답만 하고 정리는 하지 않아요. 다행히 마음 따뜻한 간호사들이 의사 괴물 대신에 정리정돈해 준다고 해요.

수의 순서 알려 주기

의사 괴물이 정리정돈을 안 해서 번호표가 바닥에 떨어지면서 다 섞여 버렸어요.
환자 괴물들이 들고 있는 계산식을 풀어 주세요! 계산한 값이 큰 수부터 순서대로 진료를 볼 거예요.
⬤ 안에 번호 순서를 적어 주면 됩니다.

15 – 12 – 3 = ...

20 – 7 = ...

15 – 14 = ...

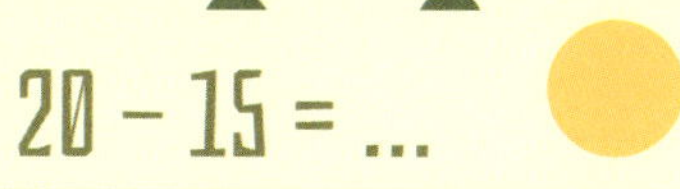

20 – 15 = ...

9 + 8 = ...

17 – 7 = ...

2 + 3 + 4 = ...

8 – 5 = ...

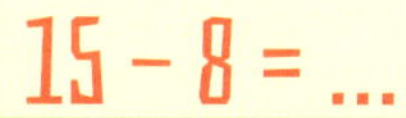

15 – 8 = ...

12 + 8 = ...

조건에 맞는 괴물을 찾아요!

의사 괴물은 건망증이 심해요. 환자에게 어떤 약을 주어야 하는지를 금방 잊어버려요.
약병에 적힌 설명서를 읽고 알맞은 환자를 찾아 선으로 이어 보세요.

짝수는 2, 4, 6, 8, 10처럼 둘씩 짝을 지을 때 남는 수가 없는 수고,
홀수는 1, 3, 5, 7, 9처럼 둘씩 짝을 지을 때 하나가 남는 수야.

다리 2개와 홀수 개의 눈과 짝수 개의 팔이 있어요.
눈이 3개보다 더 많아요.
눈과 다리의 수가 같아요.
털보예요.

계산식이 틀렸어요!

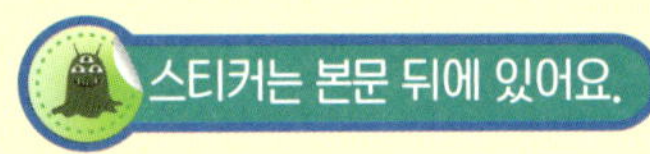

더듬이 괴물이 계단에서 굴러떨어지면서 더듬이가 부러졌어요. 계산식이 틀린 더듬이가 부러진 거예요.
부러진 더듬이를 찾아 반창고를 붙여 주세요. 반창고 스티커는 책 뒤에 있답니다.

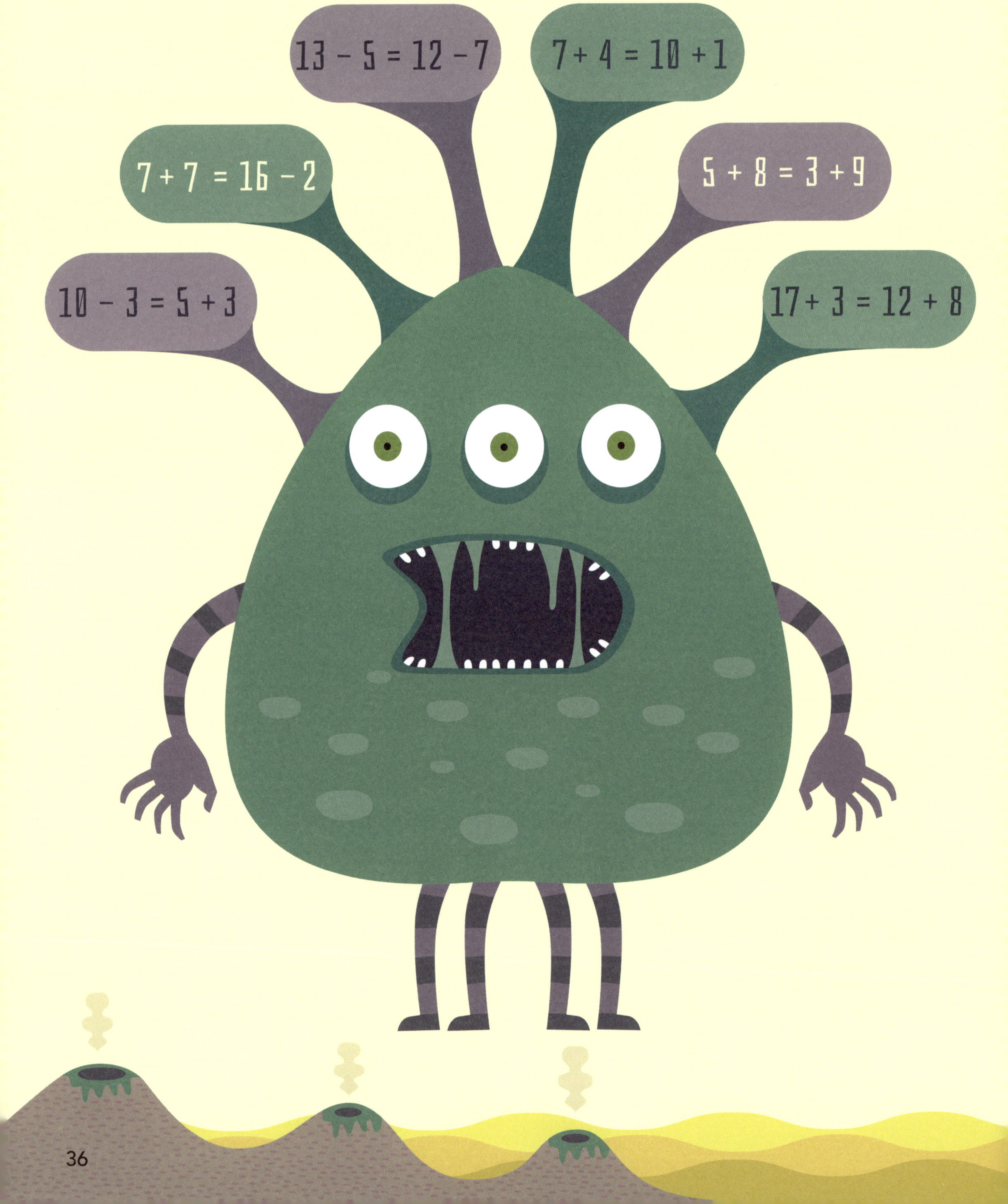

뒷정리도 도와주실래요?

붕대가 다 풀어졌고, 연고도 여기저기 떨어져 있네요. 붕대에 적힌 계산을 화살표 방향대로
하면 붕대 정리는 끝이에요.
연고 자국에 숨은 숫자도 찾아 써 보세요!

약병 정리

의사 괴물이 약병에 붙일 이름표를 만들 거예요. 약병에 붙어 있는 숫자판에는 위에 있는 수가 바로 아래에 있는 두 수의 합이어야 한다는 규칙이 있어요. 규칙에 맞게 수를 써 주세요.

모르는 수 구하기

의사 괴물을 도와 창고에 의약품이 얼마나 있는지 빈 곳에 써 주세요.

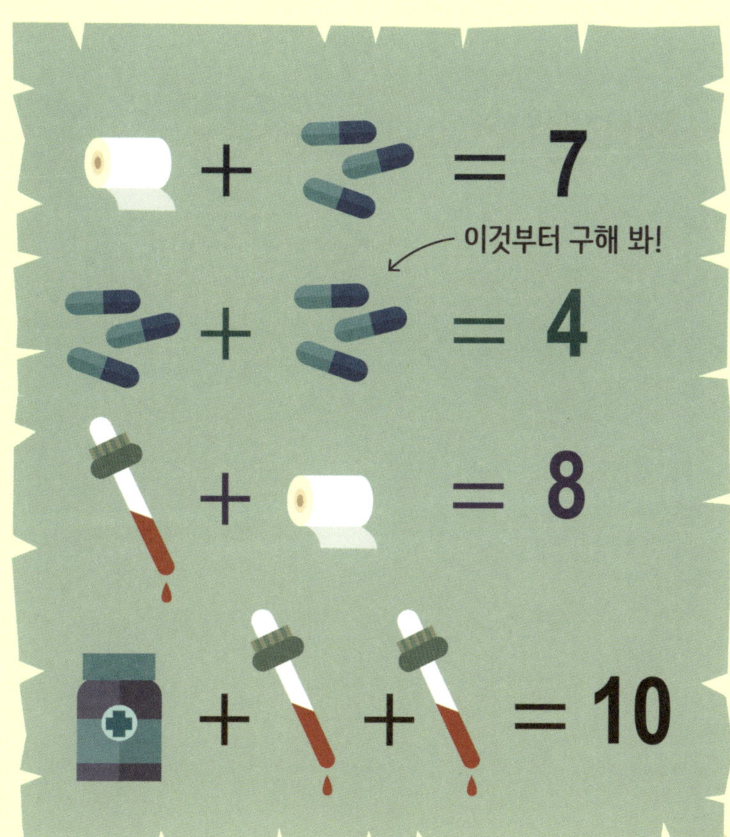

나는 천재 발명가!

한 손에는 연필과 메모장, 다른 손에는 망치와 스패너를 든 괴물!
바로 몬스터 왕국의 가장 뛰어난 천재, 발명가 괴물이에요.
발명가 괴물은 괴짜예요. 쓸 만한 물건을 일부러 분해해서 이상한 물건으로 만들지요. 우산이 필요 없다는 괴물에게 우산 위에 물뿌리개를 달아 주곤 "이렇게 하면 늘 비가 오니 우산이 꼭 필요하지!"라는 식이에요.

발명가 괴물은 어릴 때부터 방 안에만 틀어박혀서 온갖 이상한 것들을 만드는 데에만 집중했다고 해요. 그래서 발명가 괴물의 부모님은 그에 대한 걱정이 이만저만이 아니었죠. 그래도 발명가 괴물의 친구들은 한결같이 그를 믿었어요. 언젠가 그가 숙제를 자동으로 해 주는 기계를 만들어 줄 것이라고요!
발명가 괴물은 가끔 엉뚱한 실수를 하기도 하지만, 번뜩이는 아이디어로 세상을 놀라게 하곤 합니다.

빠진 톱니바퀴

스티커는 본문 뒤에 있어요.

이 기계에서 모든 톱니바퀴가 사라졌어요.
톱니바퀴가 없으면 기계가 돌아갈 수 없어요.
발명가 괴물이 기계를 사용할 수 있도록 도와주세요!
책 뒤에서 빠진 톱니바퀴 스티커를 찾아 알맞은 위치에 붙여 주세요.

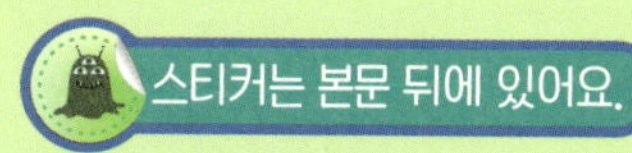

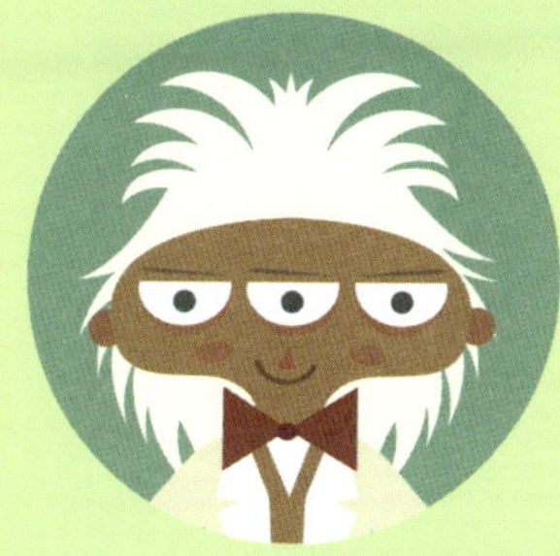

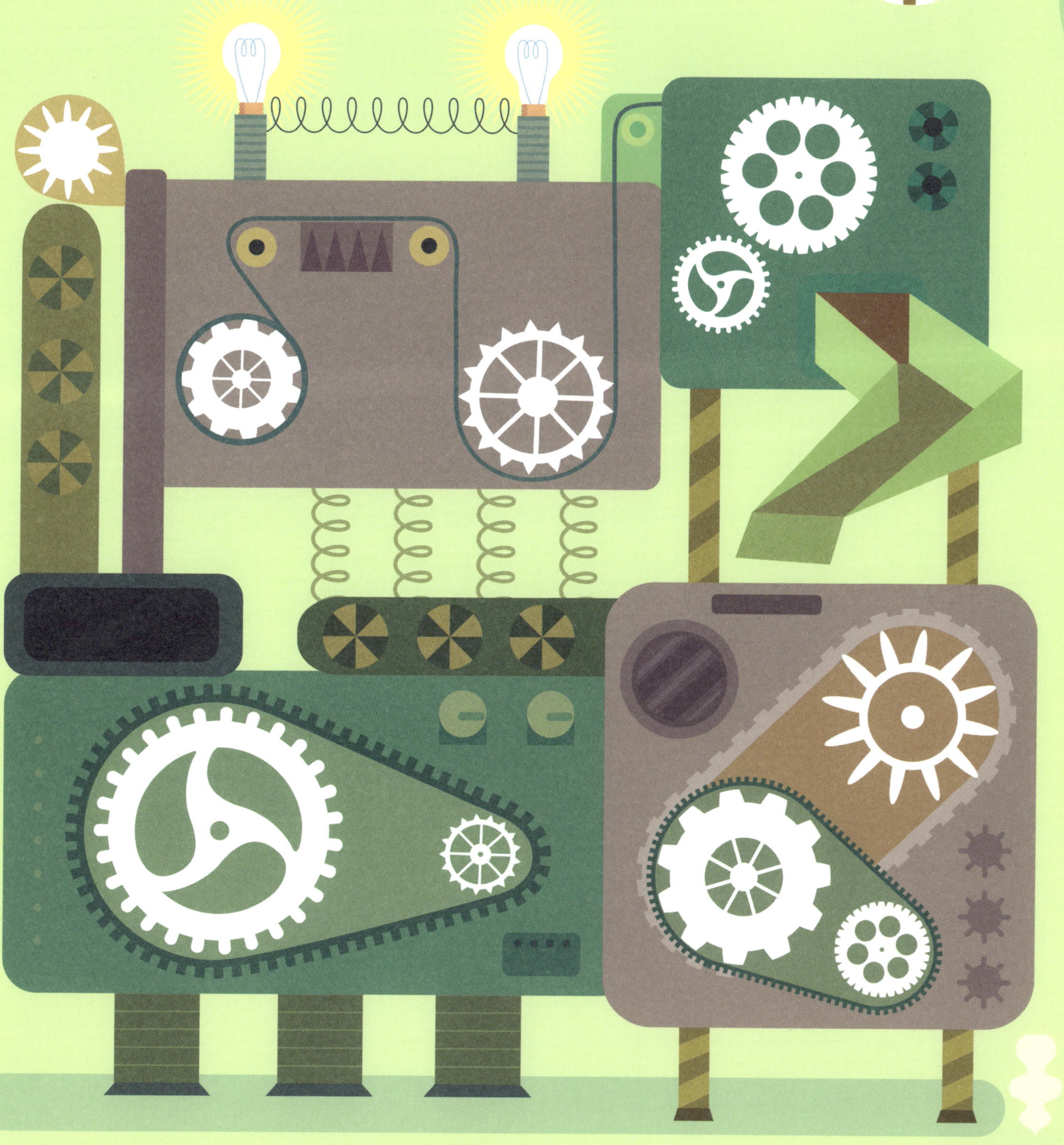

두 자리 수의 크기 비교

발명가 괴물이 숫자 총을 발명했어요! 숫자를 골라서 맞출 수 있는 신기한 총이지요.
그런데 숫자 총이 고장 나서 온 세상이 숫자로 뒤덮였어요! 여러분의 도움이 필요해요.
주사위 2개를 굴려서 나온 수로 두 자리 수를 만들면 숫자 총을 고칠 수 있답니다. 주사위는 책 뒤에 있어요.

친구와 함께 게임을 할 수도 있어요! 더 큰 두 자리 수를 만드는 친구가 1점을 얻는 거예요.
아래 점수판을 활용하세요.

이름 :		이름 :	
두 자리 수	점수	두 자리 수	점수
합계		합계	

(몇십) + (몇) = ?

발명가 괴물이 더 멋진 숫자 총을 만들었어요. 이제 주사위를 굴릴 필요가 없어요.
주황색 총알은 10, 파란색 총알은 1이에요. 보기처럼 총알을 보고 덧셈식을 세워 보세요.

● = 10   ● = 1

보기

20+5=25

...+...=...

...+...=...

...+...=...

...+...=...

...+...=...

덧셈식에 맞게 총알을 그려 주고, 식을 완성하세요.

30+5=...

...+...=41

...+...=60

...+...=26

퀴즈를 맞혀라!

발명가 괴물은 괴짜답게 신기한 기계를 많이 만들었어요. 그중에서도 퀴즈 두루마리는 비 오는 날처럼 심심한 날에 인기 만점이지요. 심심해하는 괴물들과 함께 퀴즈를 풀어 볼까요?

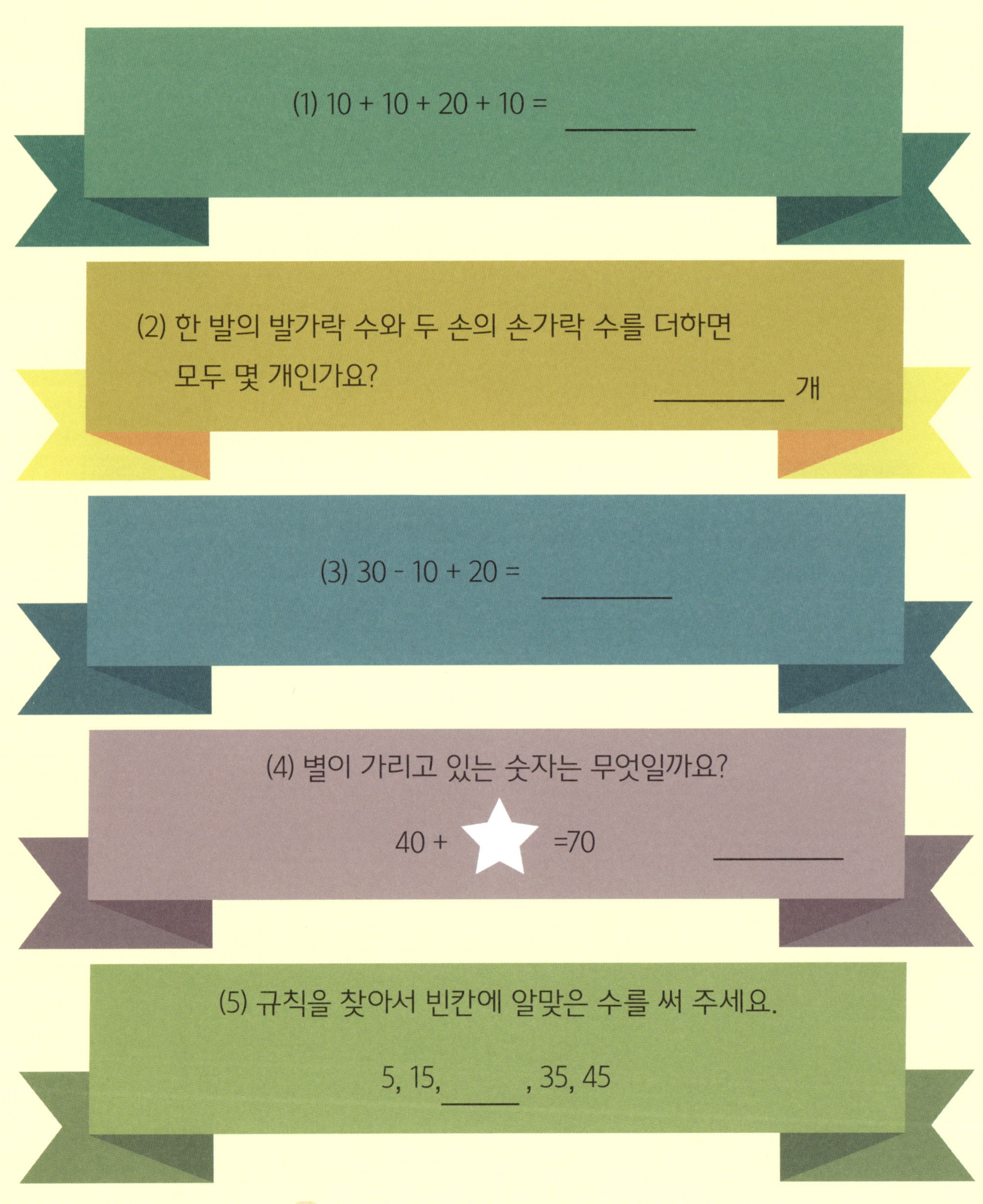

점점 더 재밌어지는군요. 다음에서는 수수께끼에서 말하는 수를 찾아야 해요.
한번 해 볼까요?

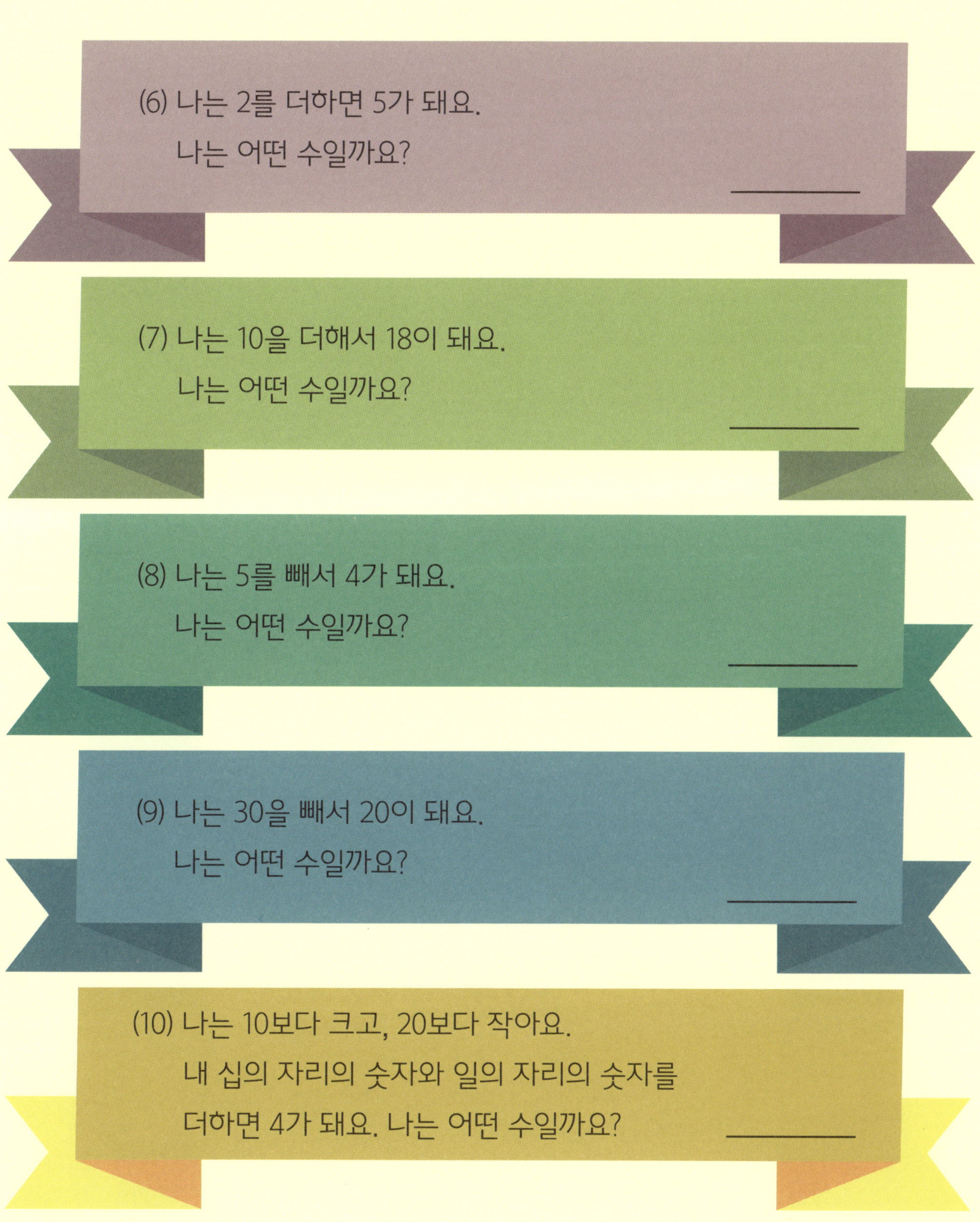

(6) 나는 2를 더하면 5가 돼요.
나는 어떤 수일까요?

____

(7) 나는 10을 더해서 18이 돼요.
나는 어떤 수일까요?

____

(8) 나는 5를 빼서 4가 돼요.
나는 어떤 수일까요?

____

(9) 나는 30을 빼서 20이 돼요.
나는 어떤 수일까요?

____

(10) 나는 10보다 크고, 20보다 작아요.
내 십의 자리의 숫자와 일의 자리의 숫자를
더하면 4가 돼요. 나는 어떤 수일까요? _______

고장 난 케이크 기계

발명가 괴물의 케이크 기계가 고장 났어요. 기계를 고치려면 버튼을 순서대로 눌러야 하는데, 연기 때문에 버튼이 잘 보이지 않아요.
버튼마다 세 종류 또는 네 종류 색이 있어요. 가로, 세로의 각 줄에 같은 색이 놓이지 않도록 모든 빈칸을 색칠해서, 버튼이 다 보이게 해 주세요.

세탁 기계가 말썽이에요!

발명가 괴물이 빨리 세탁기를 고칠 수 있도록 버튼의 빈칸을 칠해 주세요!
세탁기의 버튼은 빨간 선을 기준으로 접으면 같은 색끼리 만나요.
버튼의 빈칸을 모두 칠하면, 버튼을 눌러 세탁기를 고칠 수 있어요.

야호, 신나는 파티다!

어디서 이렇게 시끄러운 소리가 나는 걸까요? 음악 소리와 괴물들이 즐겁게 떠드는 소리 같은데…. 우리 한번 가 봐요!
우아, 이 엄청난 행렬을 봐요. 악단들이 신나는 곡을 연주하고, 괴물들은 머리에 우스꽝스러운 파티 모자를 쓰고 있어요. 하하, 머리가 여러 개인 괴물은 각자 다른 모자들을 쓰고 있네요. 케이크도 먹고, 춤추고, 놀면서 즐겁게 지내고 있어요.

괴물들은 파티를 엄청나게 좋아한답니다! 가장 명랑한 괴물은 물론이고, 가장 수줍은 괴물마저도 파티라면 빠지지 않는다네요.
'매일축하한데이'는 괴물들이 만든 기념일이에요. 매일 파티를 여는 거죠! 오늘 파티가 끝나도 내일 또 파티하니까 정리할 필요도 없어요. 근사하지요?

오늘은 누가 주인공일까

괴물들이 파티 주인공을 숨겨 놓았어요. 단서를 보고 오늘의 주인공을 찾아 주세요!

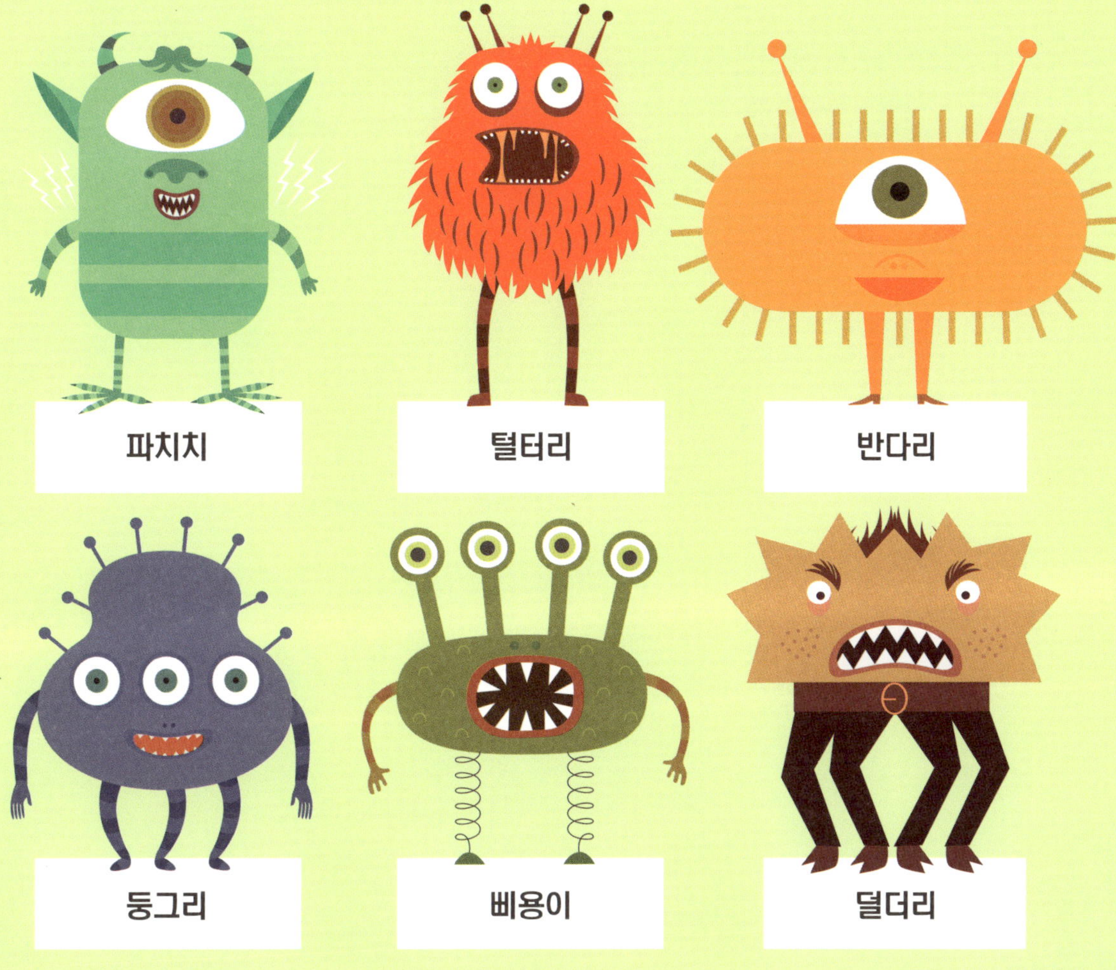

단서

- 눈이 1개보다 더 많은 괴물이에요.
- 적어도 두 쌍의 더듬이가 있어요.
- 털이 없는 괴물이에요.
- 다리가 2개가 아닌 괴물이에요.

오늘은 ______ 를 위한 파티다!

둥그리를 도와주세요!

파티가 한 시간밖에 안 남았어요. 준비해야 할 게 산더미네요.
둥그리가 도움이 필요하대요. 둥그리가 말한 상황에 알맞게 그림을 그리고,
몇 개를 마련해야 하는지 세어 보세요.

(1) 먼저 풍선을 준비하자! 파티에 풍선이 빠질 수 없지.
오늘 파티에는 총 5명의 손님이 올 거야.
모든 손님에게 풍선을 3개씩 주고 싶어.
그러면 풍선 몇 개를 불어야 할까?

______ 개

(2) 손님들에게 줄 간식은 필수지!
나는 초코케이크 6개를 만들 거야.
케이크 위에 딸기를 5개씩 올리려고 해.
그러면 딸기 몇 개를 사 와야 할까?

______ 개

(3) 손님들이 먹을 도구도 있어야지!
팔이 많은 손님들도 편하게 쓸 수 있어야 하니까.
손님 한 명당 포크 3개와 유리잔 2개를 주면 충분할 거야.
포크와 유리잔을 합쳐서 모두 몇 개 사 와야 할까?

_____ 개

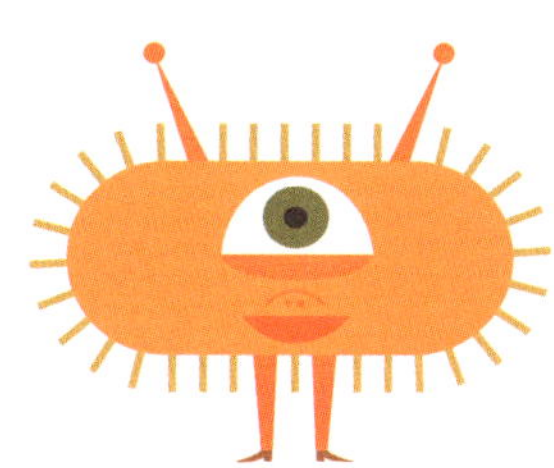

(4) 8개의 깃발 장식이 달린 벽걸이를 총 4개 만들 거야.
깃발 장식은 노란색과 초록색을 번갈아 가며 붙이자!
그럼 노란색 깃발과 초록색 깃발은 각각 몇 개 필요할까?

노란색 깃발: _____ 개 ,   초록색 깃발: _____ 개

똑같이 나눠 봐!

딸기로 머핀을 장식하려고 해요. 딸기 12개를 머핀 6개에 똑같이 나눠서 장식할 거예요. 머핀 한 개에 딸기를 몇 개씩 올려야 할지 쓰고 딸기 스티커를 붙여 보세요.

_______ 개

축제에 과자는 필수죠!
둥그리가 달콤한 간식을 잔뜩 준비했어요.
레몬 사탕 8개, 초콜릿 6개, 막대 사탕 4개를 바구니 2개에 똑같이 나눠 담아야 해요.
바구니에 스티커를 붙여 보세요.

사탕은 한 바구니에 몇 개씩 담아야 할까요? _______ 개

초콜릿은 한 바구니에 몇 개씩 담아야 할까요? _______ 개

 수를 세어 쓰고 읽어 보세요.

1. 읽기 ⬚ , ⬚

2. 읽기 ⬚ ⬚ , ⬚

3. 읽기 ⬚ ⬚ , ⬚ ⬚

4. 읽기 ⬚ ⬚ , ⬚ ⬚

5. 읽기 ⬚ ⬚ ⬚ , ⬚ ⬚

6. 읽기 ⬚ ⬚ ⬚ , ⬚

7. 읽기 ⬚ ⬚ ⬚ , ⬚ ⬚

8. 읽기 ⬚ ⬚ ⬚ , ⬚

9. 작은 수부터 순서대로 선으로 이어 보세요.

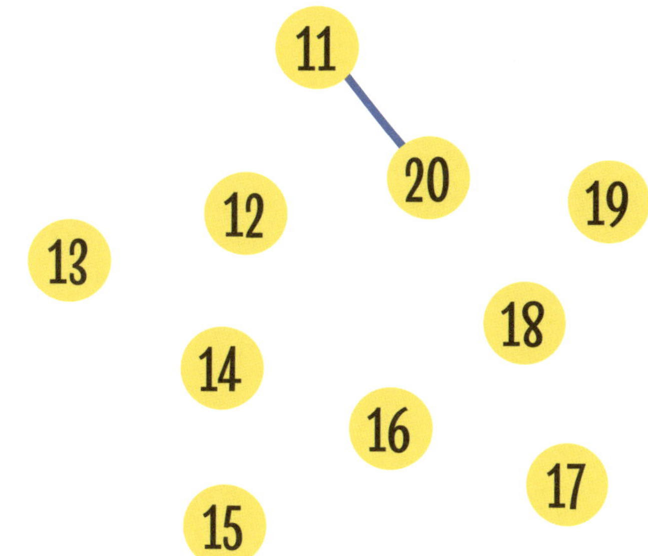

 두 수 사이에 알맞은 수를 써 보세요.

10. 
14 □ 16

11.
9 □ 11

12. 
13 □ 15

13.
16 □ 18 

14.
10 □ 12 

15.
11 □ 13 

16.
18 □ 20

17.
12 □ 14

그림을 보고 알맞은 말에 ○표 하세요.

18.
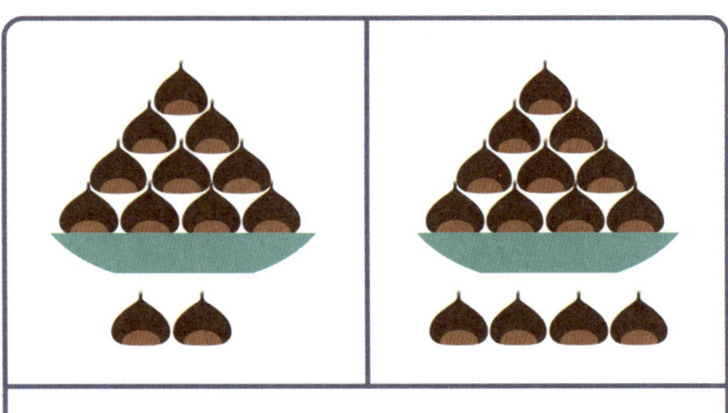
12는 14보다 (작습니다 , 큽니다).

19.
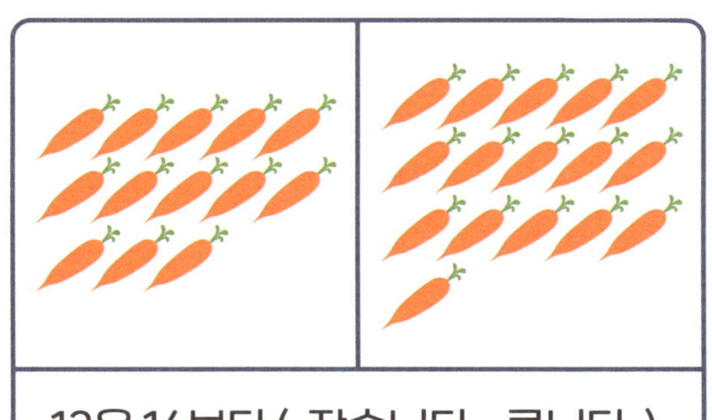
13은 16보다 (작습니다 , 큽니다).

20.

19는 15보다 (작습니다 , 큽니다).

21.

18은 17보다 (작습니다 , 큽니다).

 두 수 중에서 더 큰 수에 ○표 하세요.

22.

23.

24.

25.

26.

27.

 모두 몇 개일까요? 그림을 보고 ☐ 안에 알맞은 수를 써넣으세요.

28.

$2 + 2 =$ ☐

29.

$3 + 5 =$ ☐

30.

$4 + 3 =$ ☐

31.

$7 + 4 =$ ☐

 수직선 세기로 덧셈을 해 보세요.

32.
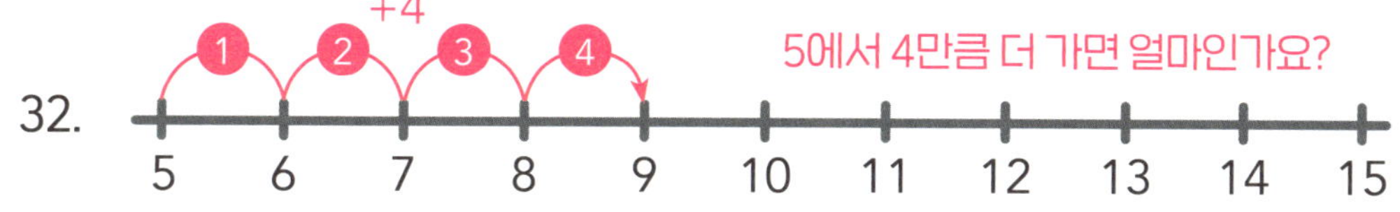

$5 + 4 =$ ☐

33.

$8 + 5 =$ ☐

34.

$10 + 6 =$ ☐

남은 수는 몇 개일까요? 그림을 보고 ☐ 안에 알맞은 수를 써넣으세요.

35.

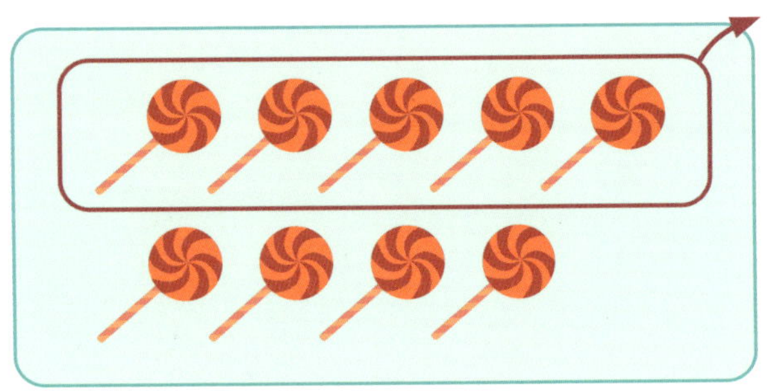

$$9 - 5 = \boxed{}$$

36.

$$8 - 4 = \boxed{}$$

37.

$$15 - 3 = \boxed{}$$

38.

$$12 - 5 = \boxed{}$$

수직선 세기로 뺄셈을 해 보세요.

39.

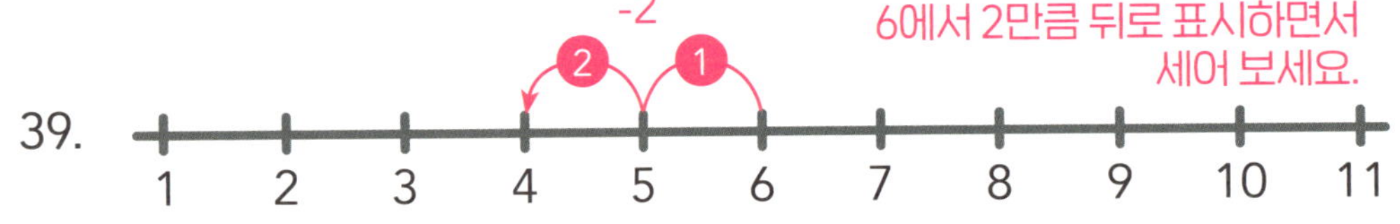

$$6 - 2 = \boxed{}$$

40.

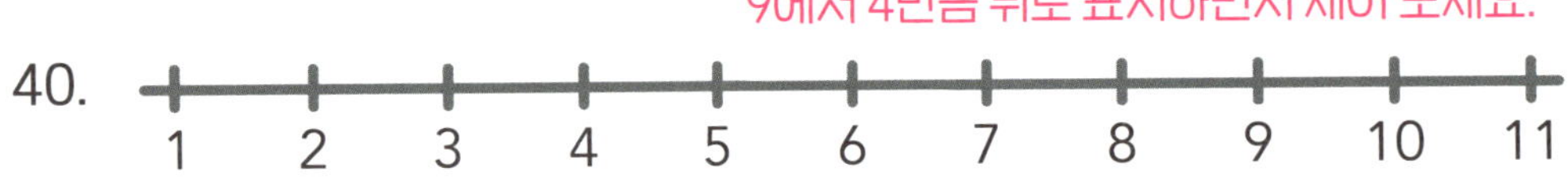

$$9 - 4 = \boxed{}$$

41.

$$11 - 3 = \boxed{}$$

 덧셈을 해 보세요.

42.
$$5 + 2 = \square$$

43.
$$3 + 6 = \square$$

44.
$$8 + 1 = \square$$

45. $4+7=\square$

46. $9+5=\square$

47. $6+6=\square$

 뺄셈을 해 보세요.

48.
$$8 - 5 = \square$$

49.
$$5 - 1 = \square$$

50.
$$7 - 4 = \square$$

51. $16-3=\square$

52. $19-4=\square$

53. $11-2=\square$

 그림을 보고 ☐ 안에 알맞은 수를 써넣으세요.

1에서 몇을 더하면 10이 되나요?

54. 　　1 + ☐ = 10

55. 　　2 + ☐ = 10

56. 　　3 + ☐ = 10

57. 　　4 + ☐ = 10

58. 　　5 + ☐ = 10

59. 　　6 + ☐ = 10

60. 　　7 + ☐ = 10

61. 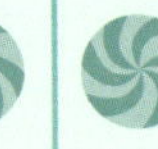　　8 + ☐ = 10

62. 　　9 + ☐ = 10

 그림을 보고 ☐ 안에 알맞은 수를 써넣으세요.

63.     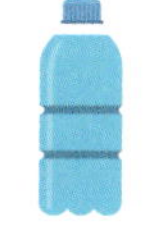    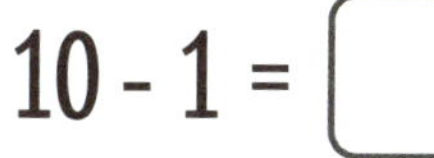　　10 - 1 = ☐

64. 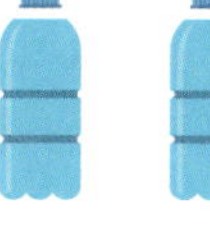       　　10 - ☐ = 8

65. 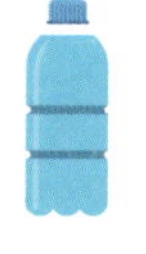    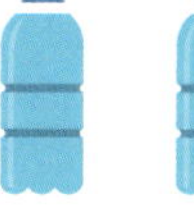    　　10 - 3 = ☐

66.  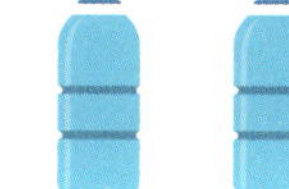   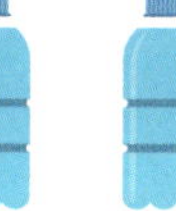    　　10 - ☐ = 6

67.        　　10 - 5 = ☐

68.         　　10 - ☐ = 4

69.          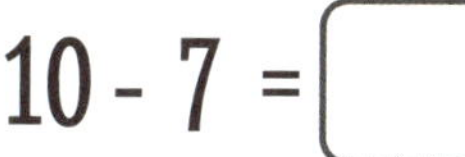　　10 - 7 = ☐

70.         　　10 - ☐ = 2

71.      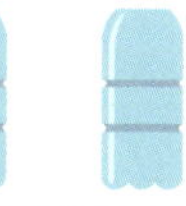    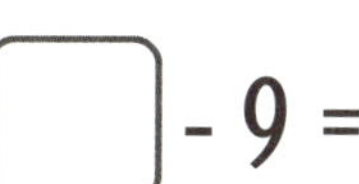　　☐ - 9 = 1

정답

9쪽

10~11쪽

파치치

덜더리

삐용이
눈: 4개
입: 1개
코: 1개

폭신이
눈: 3개
귀: 0개
이빨: 6개
코: 1개

12~13쪽

(1) 괴물은 모두 20마리입니다.
(2) 빨간색 괴물은 8마리입니다.

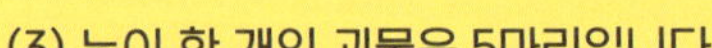

(3) 눈이 한 개인 괴물은 5마리입니다.

(4) 털북숭이 괴물은 7마리입니다.

(5) 눈이 2개보다 많은 괴물은 11마리입니다.

(6) 더듬이가 없는 괴물은 9마리입니다.

17쪽

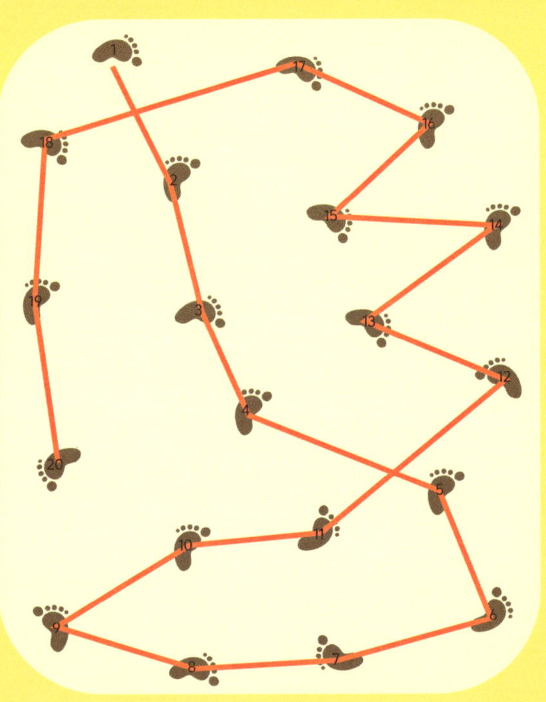

14~15쪽

 / 
이 반복됩니다. / 

18쪽

2, 3, 4, 5, 6
10, 11, 14, 15, 16
7, 4, 3, 2, 1

3, 9, 18, 7

2+3=5	5+4=9	7+3=10
7+2=9	3+10=13	5+6=11
7+8=15	13+4=17	16+4=20

㉠ 3+3=6   2+3=5   2+8=10   1+7=8   2+10=12   10+10=20

5+1=6   1+4=5   5+5=10   3+5=8   5+7=12   3+17=20

2+4=6   5+0=5   6+4=10   4+4=8   8+4=12   5+15=20

30~31쪽

(1) 7장   (2) 15장   (3) 19장

(4) 9장   (5) 14장   (6) 15개

33쪽

34~35쪽

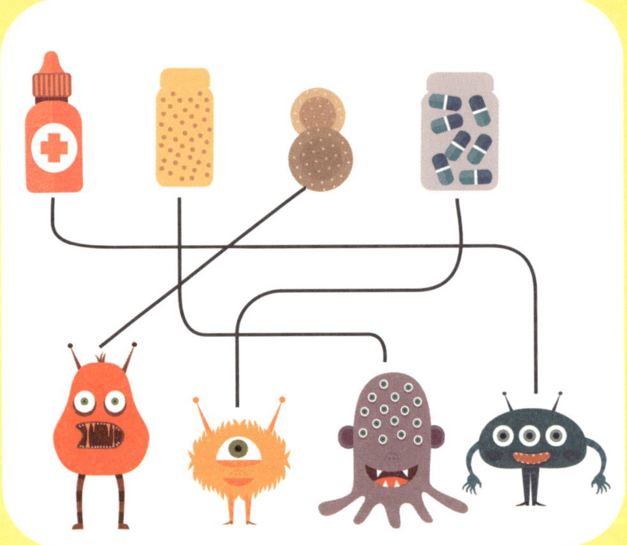

붕대에 적힌 계산 결과 : 8

10+5=15

20+3=23

90+2=92

50+5=55

50+0=50

예

30+5=35

40+1=41

60+0=60

20+6=26

(1) 50　(2) 15　(3) 40　(4) 30　(5) 25
(6) 3　(7) 8　(8) 9　(9) 50　(10) 13

46~47쪽

49쪽

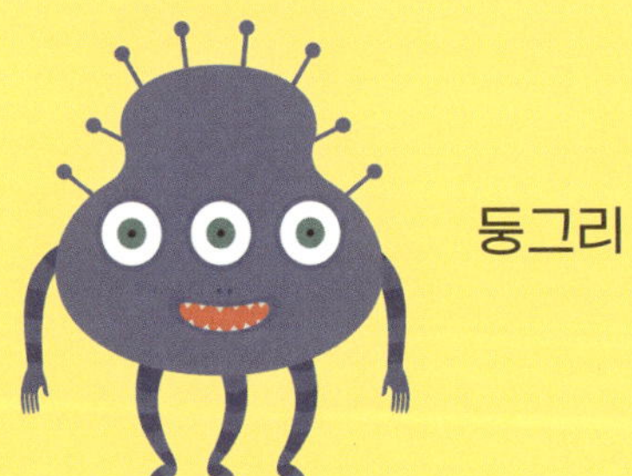

둥그리

(1) 3+3+3+3+3= 15(개)

(2) 5+5+5+5+5+5= 30(개)

(3) 5+5+5+5+5= 25(개)

(4) 노란색 깃발: 4+4+4+4= 16 (개)
초록색 깃발: 4+4+4+4= 16 (개)

52~53쪽

2개

사탕 6개, 초콜릿 3개

더 풀어 보기 정답

54쪽

1. 10, 열, 십   2. 12, 열둘, 십이   3. 13, 열셋, 십삼   4. 14, 열넷, 십사

5. 15, 열다섯, 십오   6. 17, 열일곱, 십칠   7. 19, 열아홉, 십구   8. 20, 스물, 이십

55쪽

9. 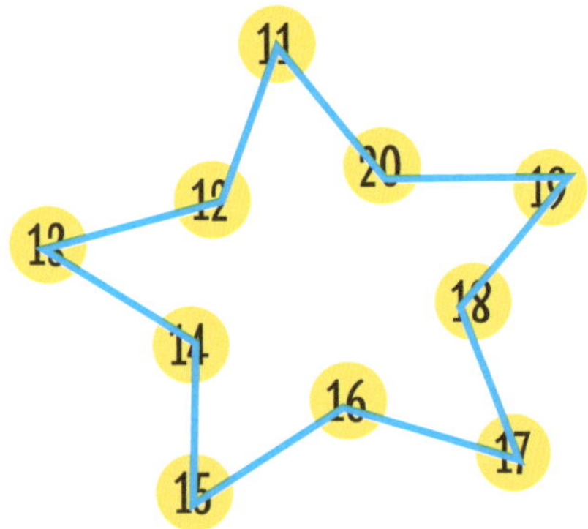

10. 15   11. 10   12. 14   13. 17

14. 11   15. 12   16. 19   17. 13

56쪽

18. 작습니다   19. 작습니다   20. 큽니다   21. 큽니다

22. 9   23. 11   24. 12   25. 18

26. 17   27. 20

57쪽

28. 4   29. 8   30. 7   31. 11   32. 9

33. 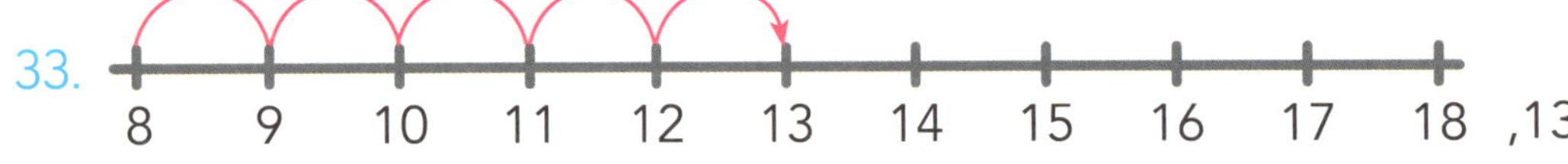 ,13

34.  ,16

58쪽

35. 4　　36. 4　　37. 12　　38. 7　　39. 4

40. 1 2 3 4 5 6 7 8 9 10 11 ,5

41. 1 2 3 4 5 6 7 8 9 10 11 ,8

59쪽

42. 7　　43. 9　　44. 9　　45. 11　　46. 14

47. 12　　48. 3　　49. 4　　50. 3　　51. 13

52. 15　　53. 9

60쪽

54. 9　　55. 8　　56. 7　　57. 6　　58. 5

59. 4　　60. 3　　61. 2　　62. 1

61쪽

63. 9　　64. 2　　65. 7　　66. 4　　67. 5

68. 6　　69. 3　　70. 8　　71. 10

수빠맨과 함께하는 초등 수학 학습 로드맵

쉽고 재미있게 초등 수학 전 과정을 배워 보세요.

초등 수학 교육 과정

수와 연산	도형과 측정
변화와 관계	자료와 가능성

영역	권	권 제목	세부 영역	학습 주제	권장 학년	학습 내용
수와 연산 기본	1	숫자 영웅들의 수학 모험	수와 연산	·수 ·도형 기초	1학년	· 0에서 9까지 수 익히기 · 여러 가지 선 알기 · 평면도형 개념 알기 · 도형의 안과 밖 깨치기
	2	덧셈 뺄셈 몬스터 왕국	수와 연산	·덧셈과 뺄셈 기초	1학년	· 두 자리 수 익히기 · 모양과 크기가 같은 도형 찾기 · 덧셈식과 뺄셈식의 기초
	3	나무마니 마을의 더하기 빼기	수와 연산	·덧셈과 뺄셈 심화	1학년	· 세 수의 덧셈식과 뺄셈식 · 100까지 수 익히기 · 좌표 읽기 기초 · 묶어 세기
	4	곱셈구구 나라의 비밀	수와 연산	·곱셈과 나눗셈 기초	2학년	· 곱셈구구 · 곱셈식과 나눗셈식 · 복잡한 계산식 쉽게 풀기
	5	사칙연산 바다를 지켜라	수와 연산	·사칙연산 기초	2학년	· 연산 규칙 찾기 · 여러 가지 방법으로 복합 사칙연산 하기 · 덧셈과 뺄셈의 관계를 식으로 나타내기
	6	곱셈 공장 수리 작전	수와 연산	·사칙연산 심화	2학년 ~ 4학년	· 곱셈·나눗셈 세로식 풀이 · 곱셈의 교환법칙과 결합법칙 · 약수와 배수 · 나눗셈의 몫을 곱셈식으로 구하기

영역	권	권 제목	세부 영역	학습 주제	권장 학년	학습 내용
수와 연산 심화	7	곱셈 나눗셈으로 요리를 뚝딱	수와 연산	· 곱셈과 나눗셈 심화 · 분수 기초	3학년 ~ 5학년	· (몇십)×(몇)을 구하기 · (몇십)÷(몇)을 구하기 · 똑같이 나누기 · 분수로 나타내기 · 단위분수 개념
	8	분수 도둑을 잡아라	수와 연산	· 분수	3학년 ~ 5학년	· 분자와 분모 · 크기가 같은 분수 만들기 · 분수 크기 비교 · 분수 계산
	9	소수 해적단의 바다 탐험	수와 연산	· 소수 · 백분율	3학년 ~ 6학년	· 소수 개념 · 소수 크기 비교 · 소수 계산 · 백분율 개념과 분수를 백분율로 치환하기
	10	수학 마법의 성에서 규칙 찾기	수와 연산	· 사고력 연산	2학년 ~ 5학년	· 수 배열 규칙 찾기 · 읽고 이해해서 푸는 문해력 연산 · 연산식으로 암호 풀기 · 연산 미로

영역	권	권 제목	세부 영역	학습 주제	권장 학년	학습 내용
도형과 측정, 변화와 관계, 자료와 가능성	11	공룡을 재는 여러 단위	측정	· 길이 · 들이 · 무게 · 시간	2학년 ~ 3학년	· 길이, 넓이, 무게, 들이의 단위 · 기호를 숫자로 나타내기 · 시간과 시계 읽는 법 · 섭씨 온도와 화씨 온도
	12	규칙 유령이 사는 집	변화와 관계	· 규칙과 추론	2학년 ~ 4학년	· 수 배열 규칙 추론 · 계산식에서 규칙 추론 · 무늬에서 규칙 추론 · 도형의 배열에서 규칙 추론
	13	도형과 함께 우주 탐험	도형	· 도형 · 공간	3학년 ~ 6학년	· 선의 종류(선분과 직선) · 각과 직각 · 평면도형 · 정다면체 · 대칭이동과 회전이동, 평행이동
	14	숫자와 그래프로 마을을 구하라	자료와 가능성	· 그래프 · 집합	3학년 ~ 6학년	· 표와 그래프 읽기 · 자료 조사와 표, 그래프로 나타내기 · 벤 다이어그램과 집합 · 비례식

글 | 린다 베르톨라

밀라노 가톨릭 대학교에서 외국어를 전공했습니다. 학교 안팎에서 특수 교육이 필요한 학생들을 위한 교육 및 학습 지원에도 관심이 많으며, 다문화 교사로도 활동하고 있습니다. 현재는 재미있는 수학 학습법을 열정적으로 연구하며 지내고 있습니다.

그림 | 아그네세 바루치

ISIA(최고예술산업연구소)에서 그래픽을 공부했습니다. 2001년부터 일러스트레이터이자 작가로 활동하고 있으며 청소년을 위한 책들을 출판했습니다.

감수 | 송용진

한국을 대표하는 위상수학자입니다. 서울대학교 수학과를 졸업하고 미국 오하이오주립대에서 박사학위를 받았습니다. 오랫동안 영재교육과 수학올림피아드에 대한 일을 해 왔으며 지금은 국제 수학올림피아드 선출직 위원(IMO Board Member)으로 활동하고 있습니다. 쓴 책으로 《수학은 우주로 흐른다》, 《영재의 법칙》, 《수학자가 들려주는 진짜 논리 이야기》 등이 있습니다.

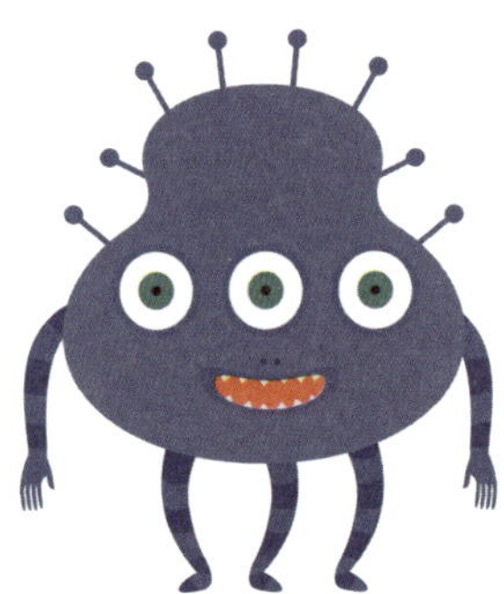

둥근 딱지

주사위 1

주사위 2

괴물 이름표

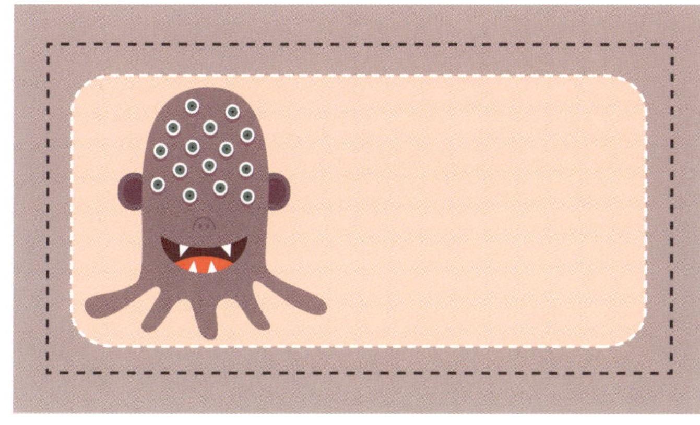

21쪽: 수의 크기 비교

22~23쪽: 모양과 크기가 같은 도형 찾기

36쪽: 계산식이 틀렸어요!

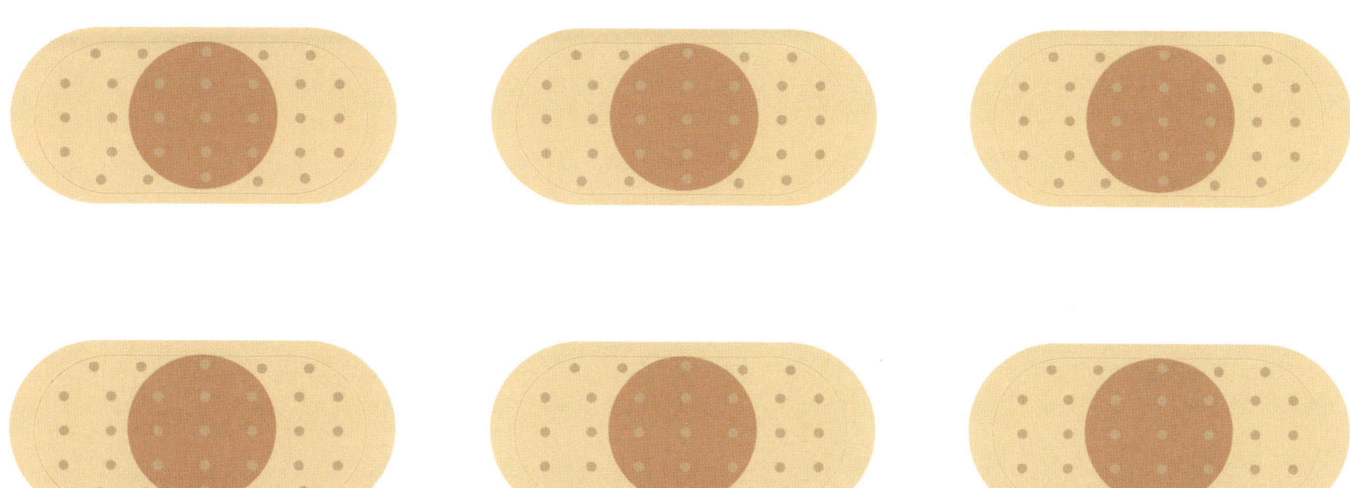

41쪽: 빠진 톱니바퀴